普通高等院校"十三五"应用型规划教材

U0309695

数 学 实 验

北京邮电大学世纪学院数学教研室 编

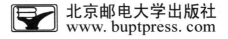

北京邮电大学出版社
www.buptpress.com

内 容 简 介

本书是大学数学课程实验教材,主要讲授大学数学课程中线性代数、微积分、概率论等重要数学方法用 MATLAB 软件实现的过程及其应用。从总体上由浅入深、循序渐进地安排了 6 章内容:第 1 章简单介绍数学实验和 MATLAB 软件,为后续实验提供软件基础;第 2、3、4、5 章分别对线性代数、一元微积分、多元微积分和概率中的基本概念、理论和方法设计了一些实验,引导学生进入自己体验数学、学习数学的境界,使其提高学习数学的兴趣,并体会科学研究的过程;第 6 章是应用数学知识解决实际应用问题,同时也介绍了数学建模的一些基本方法。

本书可作为应用型本科或专科学校"数学实验"课程的教材,同时也可作为数学建模爱好者的入门教材。

图书在版编目(CIP)数据

数学实验 / 北京邮电大学世纪学院数学教研室编. -- 北京 : 北京邮电大学出版社,2018.2
(2024.12 重印)

ISBN 978-7-5635-5374-7

Ⅰ.①数… Ⅱ.①北… Ⅲ.①高等数学－实验－高等学校－教材 Ⅳ.①O13-33

中国版本图书馆 CIP 数据核字 (2018) 第 021321 号

书　　　名:数学实验
著作责任者:北京邮电大学世纪学院数学教研室　编
责 任 编 辑:满志文
出 版 发 行:北京邮电大学出版社
社　　　址:北京市海淀区西土城路 10 号 (邮编:100876)
发 行 部:电话:010-62282185　传真:010-62283578
E-mail:publish@bupt.edu.cn
经　　　销:各地新华书店
印　　　刷:保定市中画美凯印刷有限公司
开　　　本:787 mm×960 mm　1/16
印　　　张:12.25
字　　　数:264 千字
版　　　次:2018 年 2 月第 1 版　2024 年 12 月第 4 次印刷

ISBN 978-7-5635-5374-7　　　　　　　　　　　　　　　　定　价:30.00 元

· 如有印装质量问题,请与北京邮电大学出版社发行部联系 ·

前　言

　　数学实验是大学理工科、经济管理各专业数学课程的重要组成部分。该课程开设的主要目的是通过"数学实验"使学生深入理解数学的基本概念和基础理论,熟悉并掌握常用的数学软件,培养学生应用数学知识并结合计算机工具解决实际问题的能力。数学实验课程将数学知识与计算机应用有机地结合起来,以数学知识为背景,以计算机为工具,以数学软件为平台,让学生自己动手用喜欢"玩"的计算机运用数学方法来解决实际问题,亲身感受"用数学"的酸甜苦辣,对提高学生学习数学的兴趣、加强学生的数学理论基础、培养学生的开拓思维等有重要作用。

　　北京邮电大学世纪学院在 2015 年启动了 CDIO 工程教育为背景的数学课程的教学改革。为了更好地适应改革后教学方案的需要,基础部数学教研室编写了《数学实验》一书。本书的第 1 章、第 6 章由向文编写,第 2 章由黄友霞编写,第 3 章 3.1 节到 3.3 节由杨硕编写,第 4 章第 4.1 节到 4.3 节由张晓晞编写,第 3 章第 3.4 节、3.5 节,第 4 章第 4.4 节由刘曙云编写,第 5 章由金红伟编写,最后由向文统稿。

　　在编写过程中,各成员通力合作,才得以完成本书。另外,此书也借鉴了国内外相关教材和资料,并选用了其中部分例题和习题,谨向相关作者、编者表示感谢。该书中MATLAB 使用的是 2010b 版本,书中所有程序均在个人计算机中调试通过。但随着MATLAB 软件的版本升级,部分函数、程序可能会有些许差异,建议在学习中实时查询软件中的函数帮助信息来做修改。同时,由于编者水平有限,书中难免有不足之处,恳请读者批评指正。在这里也期望我们的真诚努力、艰苦探索,能让读者学有所得、学有所用。

　　本书出版受北京市教委青年英才项目资助。项目编号:YETP1953。

编　者

2017.10

目　　录

第1章 数学实验与 MATLAB 基础

本章主要介绍什么是数学实验以及 MATLAB 软件的一些入门知识,包括 MATLAB 界面及基本操作、变量与函数、运算符与操作符、数值数组的输入与输出、符号运算、M 文件与编程等内容,为读者学习后面各章打下基础。

1.1 数 学 实 验

1.1.1 什么是数学实验

数学实验,概括地说是一种以实际问题为载体,以计算机为工具,以数学软件为平台,以学生为主体,借助教师辅导而完成的数学实践活动。

1. 以实际问题为载体

数学实验的目的是解决实际问题,所以它以解决实际问题为主线,每个实验都围绕某个实际问题展开,通过实际问题的分析和解决来调动学生学习数学的积极性,提高学生对数学的应用意识并培养学生用所学的数学知识和计算机技术去认识问题和解决实际问题的能力。

2. 以计算机为工具

用数学知识解决实际问题当然离不开数值计算,而计算机最强大的功能恰恰是高速、快捷的计算能力,所以计算机为人们提供了便捷的计算工具,使人们摆脱繁重计算工作的困扰。

3. 以数学软件为平台

在数学实验中,由于计算机的引入和数学软件的应用,为数学的思想与方法注入了更多、更广泛的内容,使学生摆脱了繁重的乏味的数学演算和数值计算,促进了数学同其他学科之间的结合,从而使学生有时间去做更多的创造性工作。本书使用的数学软件是 MATLAB。

4. 以学生为主体

数学实验既然是实验,就要求学生多动手、多上机、勤思考、少讲多练,在老师指导下探索建立模型解决实际问题的方法,在失败与成功中获得真知,在实践中发挥聪明才智。

1.1.2 开设数学实验的原因和目的

1. 引导学生进入自己体验数学、了解数学、学习数学的境界

长久以来,数学一直被认为是一门高度抽象的学科。对大多数人来说,无论是研究数学还是学习数学,都是从公理体系出发,沿着"定义、定理、证明、推论"这样一条逻辑演绎的道路行进。公理化体系的建立,充分展示了数学的高度抽象性和严谨的逻辑性,使数学成为有别于其他自然科学的独树一帜的科学领域。但是,在完美的功利化体系的包装下,数学家们发现问题、处理问题、解决问题的思维轨迹往往被掩盖了。在学习中,常常有学生问"当初的数学家是怎样想到这个问题? 他们是怎样发现证明的方法的?"事实上,理性的认识以感性认识为基础,数学的抽象来源于对具体数学现象的归纳和总结。因此,通过开设数学实验,可使学生采用归纳的方法和实验的手段来学习和理解数学,进入自己体验数学、了解数学、学习数学的境界。

2. 培养学生应用数学解决实际问题的素质和能力

21 世纪各个学科的发展在走向"数学化",数学的应用正走向"普及化",因此,如何加强"用数学"的教育,培养学生用数学知识解决实际问题的意识和能力,已成为当前大学数学教育的重要课题。因此,通过开设数学实验,要使学生在自己动手、动脑理解数学概念和定理、解决一些实际问题的实验过程中,学会应用数学的方法和过程,逐渐提高应用数学的意识和能力,为更广泛更深入的数学应用打下坚实的基础。

3. 培养学生学习数学的兴趣和积极性,促成数学教学的良性循环

长期以来,内容多、负担重、枯燥乏味、学生学习积极性不高,一直困扰着大学数学教育工作者,与此形成鲜明对照的是受大环境支配的计算机热。由同学们自己动手,用他们熟悉的、喜欢"玩"的计算机去理解数学中的抽象概念和结论,去解决几个经过简化的实际问题,让学生亲身感受到学习数学及用所学的数学知识解决实际问题的"酸甜苦辣","做然后知不足",在培养学生独立解决实际问题的能力的同时,也激发了他们进一步学好数学的兴趣和积极性。因此,开设数学实验课可以促进数学教育的良性循环。

1.1.3 怎样学习数学实验

为了做好数学实验,建议实验者遵循以下步骤:

(1) 明确所提出的需要研究和解决的实际问题,这是进行实验的直接目的,也是进行实验的主线。

(2) 设计一定的试验方式所提出的问题进行观察和分析。例如,建立实际问题的数学模型,计算并列出各种实验数据并画出函数曲线进行观察、比较和思考,进行必要的公式验算和推导,等等。这一实验步骤往往要借助计算机作为实验辅助工具,它是做好实验的基础。

（3）在完成上述步骤的过程中,努力发现问题的规律,并且对实验结果和规律性给出尽可能清晰的描述,同时提出自己的猜想或见解。

（4）通过数学的分析和证明(有时也借助计算机),给出支持你所获结论的论证。

（5）总结全过程,写出实验报告。

同时,为了达到预期的目标,实验者尽量做到以下几点:

（1）要将动手、动脑相结合,通过认真的思考设计出试验方式,再根据现有的实验结果进行深入的思考,然后再设计出实验方式,数学实验就是思考,实验,再思考,再实验的循环往复过程,最后直至问题完全解决。当然,通常思考和实验并没有明显的界限,往往是实验中有思考,思考中有实验。

（2）在实验中,要对给出的数学现象进行认真的观察和研究,发现一些值得思考的问题,甚至是某些困惑或怀疑,这是实验的关键环节。

（3）发现问题之后,不等、不靠,要通过自己的分析思考和实验最终解决问题。实验者应该学习、体会和掌握的是探索和发现数学规律的方法和过程以及解决实际问题的过程和步骤。

1.2　MATLAB 简介

1.2.1　MATLAB 简介

MATLAB 是 Matrix Laboratory 的缩写,是目前最优秀的科技应用软件之一,它将计算、可视化和编程等功能同时集于一个易于开发的环境。自 1984 年该软件推向市场以来,历经 30 多年的发展和竞争,MATLAB 主要应用于数学计算、系统建模和仿真、数学分析与可视化、科学工程绘图和用户界面设计等,也已成为高等数学、线性代数、自动控制理论、数理统计、数字信号处理等课程的基本工具,各国高校也纷纷将 MATLAB 正式列入本科生和研究生课程的教学计划中,成为学生必须掌握的基本软件之一。在设计和研究部门,MATLAB 也被广泛用来研究和解决各种工程问题。

从 2006 年以来,MATLAB 在每年的 3 月和 9 月推出当年的 a 版本和 b 版本。在 MAT-LAB 当前版本的命令行窗口中只要输入 whatsnew,就会在 MATLAB 的帮助浏览器中显示比上一个版本增加的新功能。尽管 MATLAB 的功能越来越强大,但它的一些基本特点与功能变化不大。本书采用 MATLAB 7.11(2010b)版本,其特点与主要功能如下:

（1）交互式命令环境。一般输入一条命令,立即就可得出该命令的执行结果。

（2）数值计算功能。以矩阵作为基本单位,但无须预先指定维数(动态定维);按照 IEEE 的数值计算标准进行计算;提供丰富的数值计算函数,方便计算,提高效率;命令与数学中的符号、公式非常接近,可读性强,容易掌握。

（3）符号运算功能。具有强大的符号计算功能,能进行代数与微积分运算等。

（4）绘图功能。提供了丰富的绘命令，能实现一系列可视化操作。

（5）编程功能。具有程序结构控制、函数调用、数据结构、输入/输出、面向对象等程序语言特征，而且简单易学、编程效率高。

（6）丰富的工具箱。工具箱实际上是用 MATLAB 的基本语句编成的各种子程序集，用于解决某一方面的专门问题或实现某一类的新算法。工具箱可分为功能型工具箱和领域性工具箱。功能型工具箱主要用来扩充 MATLAB 的符号计算功能、图形建模仿真功能、文字处理功能以及硬件实时交互功能，能用于多种学科。领域型工具箱专业性很强，如控制系统工具箱（Control System Toolbox）、信号处理工具箱（Signal Processing Toolbox）、符号数学工具箱（Symbolic Math Toolbox）、统计工具箱（Statistics Toolbox）、优化工具箱（Optimization Toolbox）、金融工具箱（Financial Toolbox）、小波分析工具箱（Wavelet Toolbox）、神经网络工具箱（Neural Network Toolbox）等。

1.2.2　MATLAB 的基本操作

1. MATLAB 启动界面

双击 MATLAB 快捷图标，就进入了 MATLAB 界面，如图 1.1 所示。第一行是菜单行，第二行为工具栏。下面是四个常用窗口：中间最大的是命令窗口（Command Window），右上角为工作空间（Workspace），右下角为历史命令窗口（Command History），左边是当前文件夹目录（Current Folder）。左下角还有一个开始（Start）按钮，用于快速启动演示（Demo）、帮助（Help）和桌面工具等。

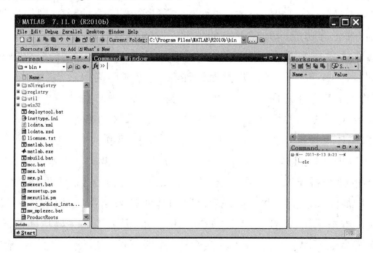

图 1.1　MATLAB 界面图

MATLAB 的菜单包括"File（文件）""Edit（编辑）""Debug（调试）""Parallel（并行运算）""Desktop（桌面）""Window（窗口）""Help（帮助）"7 个主菜单，每个主菜单下都有一些选项。

MATLAB 的工具栏,如图 1.2 所示,当鼠标停留在工具栏按钮上时,就会显示出该工具按钮的功能。

图 1.2 MATLAB 工具按钮图

其中按钮控件的功能从左至右依次为:新建或打开一个 MATLAB 文件;剪切、复制或粘贴已选中的对象,撤销、回复上一次操作;打开 simulink 主窗口,打开图形用户界面,打开 profile 界面;打开 MATLAB 帮助系统;设置当前路径。

2. MATLAB 常用窗口

(1) 命令窗口(Command Window)

命令窗口是 MATLAB 的一个基本操作窗口,MATLAB 启动时默认会打开该窗口,如图 1.1 所示。可以把命令窗口理解成"草稿本"或"计算器",在该窗口中输入函数和命令后按 Enter 键,就会立即执行运算并显示结果。

例如,在命令窗口中输入 $y = \sin(\text{pi}/2)$,然后按 Enter 键,则会得到输出 $y = 1$,如图 1.3 所示。其中">>"符号所在行可输入命令,没有">>"符号的行显示运行结果。

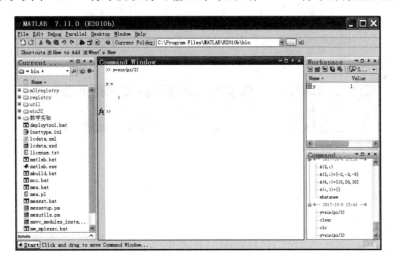

图 1.3 命令窗口中输入命令与命令执行结果图

在 MATLAB 命令行操作中,有一些命令和键盘按键可以提供特殊而方便的编辑操作,具体如表 1.1 所示。

(2) 工作空间窗口(Workspace)

工作空间窗口显示所有目前保存在内存中的 MATLAB 变量名及对应数据结构、字节数与类型,不同的类型对应不同的变量名图标,如图 1.4 所示。

表 1.1 MATLAB 中常用命令和操作键

命令或键盘按键	功 能
clc	清空命令窗口中的所有显示内容
clear	清楚工作空间中所有变量与函数
clf	清楚图形窗口
who	将工作空间中的变量以简单的形式列出
whos	列出工作空间中变量的名称、大小和类型等信息
help	列出所有最基础的帮助主题
doc	在帮助浏览器中显示指定函数的参考信息
demo	打开一个"help"的演示模型界面,以便于了解 MATLAB 的基本功能
↑键	调出前一个命令行
↓键	调出后一个命令行
←键	光标左移一个字符
→键	光标右移一个字符
Home 键	光标移至行首
End 键	光标移至行尾
Esc 键	清除当前行

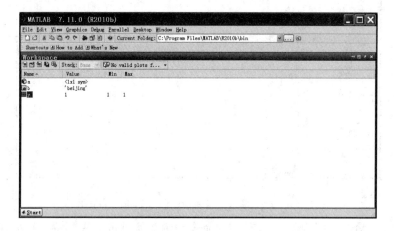

图 1.4 工作空间窗口图

选中该窗口的某个变量,按鼠标右键则可根据菜单进行相应的操作。如在弹出的菜单中执行"Save as…"命令,则可把当前工作空间中选中的变量保存在外存中的数据文件,保存的文件扩展名为". mat"。还可以双击选中的变量,启动变量编辑器,修改变量值。

（3）历史命令窗口（Command History）

历史命令窗口记录用户每一次开启 MATLAB 的时间和运行过的命令、函数和表达式，如图 1.5 所示。该窗口中的每条命令可以被复制到命令窗口中运行，双击某行命令也会在命令窗口中执行，从而减少了重新输入的麻烦。选中该窗口中某条命令，按鼠标右键则可以根据菜单进行一些常用操作。

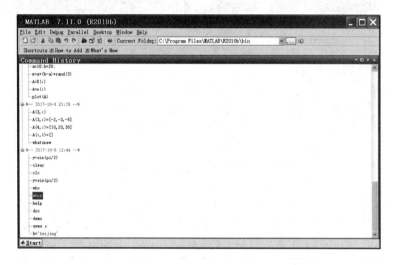

图 1.5　历史命令窗口图

（4）当前文件夹目录窗口（Current Folder）

当前文件夹目录窗口可显示或改变当前目录，还可以显示当前目录下的文件名、类型等信息并提供搜索功能，如图 1.6 所示。

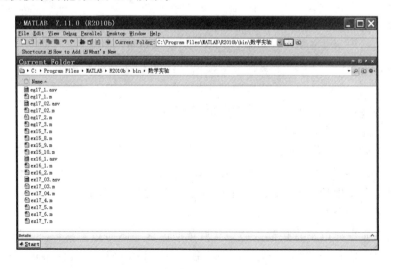

图 1.6　当前文件夹目录窗口图

　　用户可以将自己的的工作目录列入 MATLAB 的搜索路径。用对话框设置搜索路径的操作过程：在 MATLAB 的"File"菜单中选择"Set path"或在命令窗口中执行"pathtool"命令，将出现搜索路径设置对话框，如图 1.7 所示。通过"Add Folder"或"Add with Subfolder"按钮将指定路径添加到搜索路径列表中。在修改完搜索路径后，需要将其保存。

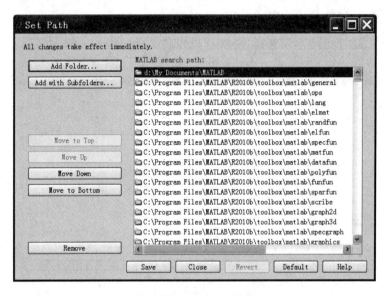

图 1.7　路径设置对话框

　　（5）图形窗口（Figure）

　　在命令窗口中输入 figure 或在运行的程序中遇到绘图命令都会弹出图形窗口。在命令窗口中输入以下命令：

```
x = 0:0.2:2 * pi;        %0 开始,以 0.2 为步长生成 x
y = sin(x);              % 计算上述点处的函数值
plot(x,y);               % 以 x 为横坐标,y 为纵坐标绘制图形
grid on                  % 添加网格线
```

则会弹出图形窗口，且绘制出正弦曲线图形，如图 1.8 所示。

　　3. MATLAB 的帮助系统

　　MATLAB 的离线帮助文件内容丰富，是学习 MATLAB 的最佳参考资料，学习MATLAB 首先要学会 MATLAB 的帮助系统的使用。在命令窗口中 help 命令或直接用鼠标左键单击菜单中的 Help 按钮（快捷键 F1），可以打开如图 1.9 所示的帮助窗口，在该窗口中可查询一切命令的帮助信息。

　　还可以在命令窗口中直接输入命令获取帮助信息。比如想要获取"sin"的帮助信息，则在命令窗口中输入"help sin"或"doc sin"命令，按 Enter 键即可，读者可自己在命令窗口中试一试。

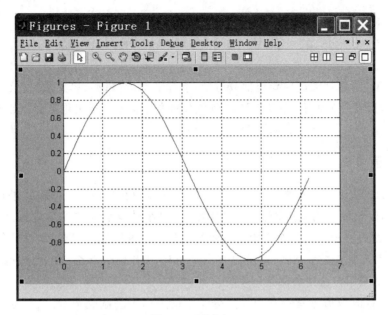

图 1.8　图形窗口

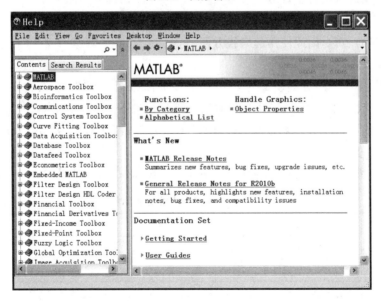

图 1.9　MATLAB 帮助窗口

　　另外,MATLAB 支持模糊查询,用户只需要输入命令的前几个字母,然后按 Tab 键,系统就会列出所有以这几个字母开头的命令。

　　借助于 MATLAB 提供的帮助系统,可以解决在使用 MATLAB 过程中遇到的许多问题。

1.3 变量与 MATLAB 常用函数

MATLAB 的数据类型主要包括数值型、字符串型、逻辑型、单元数组型、结构体类型等,其中数值型又分为整形、单精度浮点型和双精度浮点型。本书重点介绍数值类型和字符串类型。

1.3.1 数值类型

MATLAB 默认将所有数值的存储与计算都是以双精度(double)格式进行的。当结果是整数时,以整数形式显示;当结果是实数时,以小数点后 4 位的精度近似显示,即以"short"数值格式显示。如果结果中的有效数字超出了这一范围,则以科学计数法来显示结果。如果需改变其显示格式,则可以在命令窗口中用 format 命令临时改变显示格式。format 的详细使用方法请参阅帮助系统。

MATLAB 的数值有常量和变量之分。常量采用十进制表示,可以用带小数点的形式直接表示,也可以用科学计数法表示。如 $5,87,0.23,2.6e-6,5+2i$。

变量是数值计算的基本单元。MATLAB 的变量使用时无须先定义,其名称是第一次合法出现时的名称,因此使用起来很方便。

(1) 变量的命名规则

变量名的第一个字母必须是英文字母,最多包含 63 个字符(包括英文字母、数字和下划线),不得包含空格和标点符号,不得含有加减号,且区分大小写。命名时还得和系统中保留的变量(如 pi,eps 等)、函数(如 length,exp 等)、保留字(如 if, while, for 等)等重名。

(2) 永久变量

有一些变量永久驻留在工作内存中,不能再重新赋值,这些变量如表 1.2 所示。

表 1.2　MATLAB 中的永久变量

变量名	取　值
ans	计算结果的默认变量名
pi	圆周率 π 的近似值(3.1416)
eps	容差变量,当某量的绝对值小于 eps 时,可认为此量为零,数学中无穷小(epsilon)的近似值(2.2204e-016)
inf 或 INF	无穷大
NaN 或 nan	不定值,如 0/0=NaN(Not a Number),inf/inf=NaN
i 或 j	虚数单位,$i^2 = j^2 = -1$

续 表

变量名	取 值
realmax	系统所能表示的最大数值
realmin	系统所能表示的最小数值
nargin	函数的输入参数个数
nargout	函数的输出参数个数

1.3.2　字符串类型

　　MATLAB 处理字符串变量的功能也非常强大,字符串变量用单引号' '括起的一串字符表示。

　　字符串变量单引号括起的一串字符中可以有英文字符、也可以有中文字符;单引号通过双引号来输入;对空格非常敏感。多个字符串通过逗号可以串成长字符串。MATLAB中字符串的查找、比较和运行等操作是通过字符串函数来完成,本书中很少用到此类函数,读者如需要,请利用 MATLAB 帮助系统。

1.3.3　常用函数

　　MATLAB 的函数很多,可以说涵盖了几乎所有的领域,表 1.3 列出了常用的函数。

表 1.3　MATLAB 常用函数命令

MATLAB 命令	功能说明	MATLAB 命令	功能说明
$\sin(x)$	正弦函数 $\sin x$	$\min(x)$	最小值
$\cos(x)$	余弦函数 $\cos x$	$\max(x)$	最大值
$\tan x$	正切函数 $\tan x$	$\text{sum}(x)$	元素求和
$\text{asin}(x)$	反正弦函数 $\arcsin x$	$\text{round}(x)$	四舍五入到最近的整数
$\text{acos}(x)$	反余弦函数 $\arccos x$	$\text{ceil}(x)$	朝正无穷方向取整
$\text{atan}(x)$	反正切函数 $\arctan x$	$\text{fix}(x)$	朝零方向取整
$\exp(x)$	自然指数函数 e^x	$\text{floor}(x)$	朝负无穷方向取整
$\log(x)$	自然对数函数 $\ln x$	$\text{length}(x)$	获取 x 的长度
$\log 10(x)$	10 为底对数函数 $\log_{10}(x)$	$\text{size}(x)$	获取 x 的规模
$\text{sqrt}(x)$	开平方函数 $\sqrt{x}$	$\text{sign}(x)$	符号函数
$\text{abs}(x)$	绝对值函数 $|x|$	$\text{rem}(x,y)$	求整除 x/y 的余数

1.4 操作符与运算符

1.4.1 操作符

在编辑程序或命令中,当标点符号或其他符号表示特定的操作功能时就称其为操作符。表 1.4 列出了 MATLAB 语句中常用的操作符及其作用。注意在向命令窗口中输入语句时,一定要在英文输入状态下输入操作符。

表 1.4　MATLAB 语句中常用操作符的作用

名称	符号	作　　用
等号	=	将表达式赋给一个变量
空格		变量分隔符;矩阵一行中各元素间的分隔符;程序语句关键词分隔符
逗号	,	变量分隔符;矩阵一行中各元素间的分隔符; 分隔欲显示计算结果的各语句
句点	.	数值运算中的小数点;结构数组的域访问符
分号	;	在命令语句的结尾表示不显示这行语句的执行结果;矩阵行与行的分隔符
冒号	:	m:n 生成数值数组[m,m+1,…,n];m:k:n 生成数值数组[m,m+k,…,n]; A(:,j)取矩阵 A 的第 j 列;A(i,:)取矩阵 A 的第 i 行
百分号	%	注释语句说明符,在它后面的文字、命令等不被执行
单引号	''	字符串标识符
单撇号	'	矩阵转置
方括号	[ ]	输入矩阵标记符;函数输出列表
圆括号	( )	矩阵元素引用;函数输入列表;确定运算的先后次序
花括号	{ }	标志细胞数组
续行号	…	用于长表达式的续行

1.4.2 运算符

算数运算是所有运算中的最基本运算,在 MATLAB 窗口中可直接进行这些运算。MATLAB 中的运算符可分为:算数运算符、关系运算符和逻辑运算符。不同的运算符及功能如表 1.5 和表 1.6 所示。

关系运算符主要用于比较数、字符串、矩阵之间的大小或不等关系,其返回值为 0 或 1。逻辑运算符主要用于逻辑表达式或进行逻辑运算,逻辑表达式以"0"代表"假",以"1"代表"真"。

表 1.5　算术运算符

运算符	功能说明
＋	加法运算。如果是矩阵和数字相加,则数字自动扩充为同维的矩阵
－	减法运算
＊	乘法运算
/	除法运算(右除)。比如 2/1＝2,A/B 表示 A 乘以 B 的逆
\	左除运算。比如 2\1＝0.5,A\B 表示 A 的逆乘以 B
ˆ	幂运算
.＊	点乘运算。两个同阶矩阵对应元素相乘
./	点除运算。两个同阶矩阵对应元素相除
.ˆ	点幂运算。一个矩阵中各元素的方幂

表 1.6　关系运算符与逻辑运算符

运算符	功能说明	运算符	功能说明	运算符	功能说明
＝＝	判断等于关系	<＝	判断小于等于关系	&	逻辑与运算
～＝	判断不等于关系	>	判断大于关系	│	逻辑或运算
<	判断小于关系	>＝	判断大于等于关系	～	逻辑非运算

1.5　数组与矩阵

最常用的数组是双精度数值数组。一维数组是向量,二维数组是矩阵。三维及以上维数的数组称为高维数组。本书只介绍一维数组和矩阵。

1.5.1　一维数组的创建

数组的创建方法有很多,下面逐一进行介绍。

1. 指定元素数组构造法

数组输入用方括号"[　]",元素之间用空格或逗号间隔。

例 1.5.1　创建已知元素数组 $x＝(1\quad 1\quad 2\quad 3\quad 5\quad 8\quad 13)$。

解:MATLAB 命令为

　　x＝[1,1,2,3,5,8,13]

运行结果为

　　x＝

　　　　1　　1　　2　　3　　5　　8　　13

2. 等间隔数组的冒号构造法

输入格式：x＝初值：步长：终值

若步长省略，默认步长为1。冒号构造法适用于步长已知的情况。

例 1.5.2 创建数组 x＝(0.1 0.12 0.14 0.16 0.18 0.2)。

解：MATLAB命令为

    x = 0.1:0.02:0.2

运行结果为

    x =

        0.1000   0.1200   0.1400   0.1600   0.1800   0.2000

例 1.5.3 创建数组 y＝(8 6 4 2 0 －2)。

解：MATLAB命令为

    y = 8: - 2: - 2

运行结果为

    y =

        8   6   4   2   0   - 2

3. 等间隔数组的函数构造法

数组定义在区间 $[a,b]$，包括端点等分插入 n 个点。

调用函数格式：linspace(a,b,n)。

说明：a,b 为初值与终值，n 为插值点个数。

例 1.5.4 创建在区间 $[0,2\pi]$ 上等分的 7 个插值点构成的数组 d。

解：MATLAB命令为

    d = linspace(0,2 * pi,7)

运行结果为

    d =

        0   1.0472   2.0944   3.1416   4.1888   5.2360   6.2832

4. 随机元素数组的构造法

调用函数格式：x＝rand(n,m)

说明：n 为函数，m 为列数，随机数为 0 到 1 之间。需要注意的是这是生成的随机数，因此每执行一次生成的数据是不相同的。

例 1.5.5 创建 6 维随机整数数组 x，元素取值在 0～10 之间。

解：MATLAB命令为

    x = fix(20 * rand(1,6))

运行结果为

    x =

        5   10   19   19   3   19

1.5.2　矩阵的输入

下面介绍矩阵的几种常用输入方法。

1. 直接输入

这是一种方便又直接的输入方式。在输入时应遵循以下规则:矩阵元素用方括号括起来;同行元素用逗号或空格隔开;行与行之间用分号或回车键隔开;元素可以是数值也可以是表达式。

例 1.5.6　利用直接输入法创建矩阵:

$$A = \begin{pmatrix} 1 & 1 & 1 \\ 2 & 3 & 4 \\ 4 & 9 & 16 \end{pmatrix}$$

解:MATLAB 命令为

```
A = [1,1,1;2,3,4;4,9,16]
```

运行结果为

```
A =
    1    1    1
    2    3    4
    4    9    16
```

2. 用矩阵编辑器输入

这种输入方式适用于维数较大的矩阵。具体步骤是先在命令窗口创建一个变量 A,之后在工作空间中双击它打开矩阵编辑器,再选中元素直接修改元素的值,也可以直接复制 Excel 等处的数值直接粘贴,最后按 Enter 键或关闭按钮,变量就定义保存了。

3. 用矩阵函数生成特殊矩阵

MATLAB 提供了一些特殊矩阵的生成函数,具体用法如表 1.7 所示。

表 1.7　符号运算函数

函数	功　能
zeros(m,n)	$m \times n$ 的零矩阵
eye(n)	n 阶的单位矩阵
ones(m,n)	$m \times n$ 的元素全为 1 的矩阵
rand(m,n)	$m \times n$ 的随机矩阵,元素在 0~1 之间均匀分布
randn(m,n)	$m \times n$ 的正态随机矩阵
diag(x)	当 x 为向量时,生成以 x 为对角元素的对角阵; 当 x 为矩阵时,生成一个向量,且向量的元素是 x 的对角元素

函数	功　能
magic(n)	n 阶的魔方矩阵
hilb(n)	n 阶的希尔伯特矩阵
pascal(n)	n 阶的帕斯卡矩阵
tril(A)	生成下三角形矩阵
triu(A)	生成上三角形矩阵
randperm(n)	生成 1 到 n 之间整数的随机排列

例 1.5.7　产生一个在区间 $[10,20]$ 内均匀分布的 3 阶随机矩阵。

解：MATLAB 命令为

　　　a = 10;b = 20;

　　　x = a + (b − a) * rand(3)

运行结果为

　　　x =

　　　　17.0936　　16.7970　　11.1900

　　　　17.5469　　16.5510　　14.9836

　　　　12.7603　　11.6261　　19.5974

例 1.5.8　产生均值为 3,方差为 0.2 的 3 阶正态分布矩阵。

解：MATLAB 命令为

　　　clear;clc;

　　　mu = 3;sigma = 0.2;

　　　x = mu + sqrt(sigma) * randn(3)

运行结果为

　　　x =

　　　　3.0384　　2.5252　　3.3346

　　　　2.3329　　4.0512　　2.9139

　　　　2.6680　　2.7247　　3.3974

4. 外部文件读入

MATLAB 允许用户调用在 MATLAB 环境之外定义的矩阵。可以利用任意的文本编辑器编辑所要使用的矩阵,矩阵元素之间以特定分段符分开,并按行列布置。load 命令用于调用数据文件,其调用方法为

load 文件名

例如:事先在记事本中编辑以下数据,保存为文件 data15. txt,文件存放在当前目

录下：

$$\begin{matrix} 1 & 1 & 1 \\ 2 & 3 & 4 \\ 4 & 9 & 16 \end{matrix}$$

在 MATLAB 命令窗口中输入命令：

```
load data15.txt
```

运行结果为

```
data15 =
    1     1     1
    2     3     4
    4     9    16
```

load 函数将会从文件名所指定的文件中读取数据,并将输入的数据赋给以文件名命名的变量。

除此之外,MATLAB 还可以直接导入 Excel 数据,导入之后整个表格中的数据以矩阵形式存储。其格式如下：

```
A = xlsread('EXCEL 文件名.xls')
```

其详细使用说明请查阅帮助文档。

1.5.3　矩阵元素操作

下面介绍矩阵元素的提取与赋值、矩阵扩充、矩阵元素的删除等操作,具体操作命令如表 1.8 所示。

表 1.8　矩阵元素的操作

命令形式	功　　能
A(i,j)	矩阵 A 的第 i 行第 j 列元素
A(:,j)	矩阵 A 的第 j 列
A(i,:)	矩阵 A 的第 i 行
A(:,:)	矩阵 A 的所有元素构造一个二维矩阵
A(:)	矩阵 A 的所有元素按列构造一个列矩阵
A(i)	矩阵 A 的第 i 个元素
A(i:j)	矩阵 A 的第 i 个到 j 个元素构成的向量
[ ]	空矩阵
A([i,j],[k,l])	取出矩阵 A 的第 i,j 行及第 k,l 列交点上的元素

以下通过一些例子加深以上命令的理解。

例 1.5.9 已知矩阵 $A = \begin{pmatrix} -1 & 0 & 1 \\ 2 & 3 & -4 \\ 4 & 9 & 16 \end{pmatrix}$, 要求:

(1) 提取矩阵中第 4 个元素以及第 2 行第 3 列的元素。

(2) 将原矩阵中第 3 行元素替换为 $(-2 \quad -3 \quad -5)$。

(3) 在(2)的基础上,再添加一行元素 $(10 \quad 20 \quad 30)$。

(4) 在(3)的基础上,再删除第一列。

解:MATLAB 命令为

```
A = [-1,0,1;2,3,-4;4,9,16]
```

运行结果为

```
A =
    -1    0     1
     2    3    -4
     4    9    16
```

(1) 输入 A(4),得到

```
ans =
     0
```

输入 A(2,3),得到

```
ans =
    -4
```

(2) 输入 A(3,:)=[-2,-3,-5],得到

```
A =
    -1    0     1
     2    3    -4
    -2   -3    -5
```

(3) 输入 A(4,:)=[10,20,30],得到

```
A =
    -1    0     1
     2    3    -4
    -2   -3    -5
    10   20    30
```

(4) 输入 A(:,1)=[],得到

```
A =
     0    1
     3   -4
    -3   -5
    20   30
```

例 1.5.10　已知矩阵 $A = \begin{pmatrix} 1 & 2 \\ 3 & 4 \end{pmatrix}, B = \begin{pmatrix} 10 & 9 \\ 8 & 0 \end{pmatrix}$，利用 A 与 B 生成矩阵 $C = [A \quad B]$，

$D = \begin{bmatrix} A \\ B \end{bmatrix}$。

解： 首先输入 MATLAB 命令

```
clear;clc;
A=[1,2;3,4];
B=[10,9;8,0];
C=[A,B]
D=[A;B]
```

运行结果为

```
C =

    1   2   10   9

    3   4    8   0

D =

    1   2

    3   4

   10   9

    8   0
```

1.6　符号运算

MATLAB 符号运算是通过集成在 MATLAB 中的符号工具箱（Symbolic Math Toolbox）来实现的。该工具箱不进行基于矩阵的数值分析，而是使用字符串来进行符号分析与运算。

MATLAB 的符号数学工具箱的功能主要包括符号表达式的运算、符号表达式的复合与化简、符号矩阵的运算、符号微积分、符号函数画图、符号代数方程与微分方程求解等。此外，工具箱还支持可变精度运算，即支持符号运算并以指定的精度返回结果。

1.6.1　符号对象

符号对象是用字符串形式表示的，但又不同于普通的全由字母组成的字符串，它很像数学中的表达式，事实上 MATLAB 的变量与表达式都可为符号对象。

符号对象由 sym( ) 或 syms 建立。

1. 符号变量

建立符号变量有两种格式：

（1）syms x y z　　　%建立符号变量 x，y，z

（2）t＝sym('t')　　　%建立符号变量 t

syms 可以建立多个符号变量，变量之间空格隔开。而 sym( )只能建立一个符号变量，同时在括弧里还需把变量用单引号引起来。

2. 符号表达式

由符号对象参与运算的表达式即为符号表达式。与数值表达式不同，符号表达式中的变量不要求有预先确定的值。符号表达式中如果含有等号就称为符号方程式。

建立符号表达式也有两种格式：

（1）syms x

　　　y＝x^2＋3＊x＋2

（2）y＝sym('x^2＋3＊x＋2')

不带等号的符号表达式也称为符号函数。求符号函数对应某个自变量值对应的函数值的方法是：先给自变量赋值，再调用 eval(y)求得函数值。

例 1.6.1　定义符号函数 $y＝\sin x＋3x＋5$，再求该符号函数当 $x＝\pi$ 时的函数值，并赋给变量 y1。

解：MATLAB 命令为

　　　clear;clc;

　　　syms x

　　　y = sin(x) + 3 * x + 5

　　　x = pi;

　　　y1 = eval(y)　　　　　　　%把符号表达式转为数值表达式

运行结果为

　　　y =

　　　3 * x + sin(x) + 5

　　　y1 =

　　　　14.4248

通过上例可以看出 eval 函数能将符号表达式转化为数值表达式，而将数值表达式转化为符号表达式则用 sym 函数完成。

1.6.2　符号运算函数

表 1.9 列出了一些常用的符号运算函数的名称和功能，其参数设置读者可借助MATLAB 的帮助系统自己研读。函数 funtool 是一个直观的图形化函数计算器，可以很方便地进行代数运算和微积分运算。

表 1.9　符号运算函数

函数	功　能
simple 或 simplify	符号表达式化简
pretty(f)	用数学上习惯的形式(排版形式)显示 f
subs(f)	符号替换,用当前工作空间中存在的变量值,替换 f 中所有出现的相同的变量,并进行简化计算
digits(d)	设置返回有效数字个数为 d 的近似解精度
vpa(f,d)	求符号表达式 f 在精度 digits(d)下的数值解
factor(f)	因式分解,也可用于正整数的分解
expand(f)	展开函数,常用于多项式、三角函数、指数函数和对数函数的展开
collect(f,v)	合并同类项,按指定变量 v 的次数合并系数
funtool	函数计算器

例 1.6.2　定义符号函数 $f = x^3 - 6x^2 + 12x + 5$,给出排版形式的输出函数。

解:MATLAB 命令为

```
clear;clc;
syms x
f = x^3 - 6 * x^2 + 12 * x + 5
pretty(f)
```

运行结果为

```
f =
x^3 - 6 * x^2 + 12 * x + 5
```
$$x^3 - 6x^2 + 12x + 5$$

1.7　M 文件与编程

MATLAB 输入命令的常用方法有两种:

(1) 在命令窗口中逐条输入;

(2) 以 M 文件的方式输入。

当命名行很少时,使用第一种方法比较方便。但是当命令行很多时,则使用第二种方法要方便些,这样既能使得程序显得简洁明了,也便于程序的修改和维护。M 文件的输入是指将要执行的命令全部写在一个文本文件中,直接采用 MATLAB 命令编写,就像在命令窗口直接输入命令一样,因此调用起来十分方便,提高了程序的交互性。另外也可以根据自己的需要在 M 文件中编写一些函数,这些函数也可以像 MATLAB 提供的函数一样进行调用。从某种意义上说,这也是对 MATLAB 的二次开发。

1.7.1　M 文件概述

　　M 文件可以在任何文件编辑器中进行编辑、存储、修改和读取,最方便的是直接使用 MATLAB 提供的文本编辑器,必须以"m"作为扩展名存盘. M 文件的命名规则和 MATLAB 中变量名的命令规则相同,文件名中不能含标点符号、首个字符必须是英文字母(不能数字开头)、不能和 MATLAB 文内置函数名及工具箱中函数重名等。

　　1. 建立新的 M 文件

　　建立新的 M 文件,有三种方式启动 MATLAB 文本编辑器:

　　(1)菜单操作:从 MATLAB 主窗口的 File 菜单中选择 New 菜单项,再选择 M-file 命令,屏幕上会出现 MATLAB 文件编辑器窗口。

　　(2)命令操作:在 MATLAB 命令窗口中输入命令 edit 后回车,也会启动 MATLAB 文件编辑器窗口。

　　(3)命令按钮操作:单击 MATLAB 主窗口工具栏上的 New M-file 命令按钮,同样会启动 MATLAB 文件编辑器窗口。

　　2. 打开已有的 M 文件

　　打开已有的 M 文件也有三种方法:

　　(1)菜单操作:从 MATLAB 主窗口的 File 菜单中选择 Open 命令,在 Open 对话框中选中打开所需的 M 文件。

　　(2)命令操作:在 MATLAB 命令窗口中输入命令 edit 文件名,则打开指定的 M 文件。

　　(3)命令按钮操作:单击 MATLAB 主窗口工具栏上的 Open file 命令按钮,再从弹出的对话框中选择所需打开的 M 文件。

　　根据调用方式的不同,M 文件分为两种类型:脚本文件(Script File)和函数文件(Function File)。

　　3. 脚本文件

　　MATLAB 对脚本文件的执行等价于从命令窗口中顺序执行文件中的所有命令,脚本文件可以访问 MATLAB 工作空间里的任何变量和数据,而自身在运行过程中产生的所有变量都会在工作空间里创建。因此,任何其他脚本文件和函数都可以自由访问这些变量。这些变量一旦产生就保存在内存中,只有对它们重新复制,它们的值才会改变。MATLAB 关闭后,这些变量也就全部消失了。另外,在命令窗口中运行 clear 命令,也可以把这些变量从工作空间中删除。当然,在 MATLAB 的工作空间中也可以用鼠标选择想要删除的变量,从而将这些变量从工作空间中删除。

　　例如,在 M 文件编辑器中输入,如图 1.10 所示。

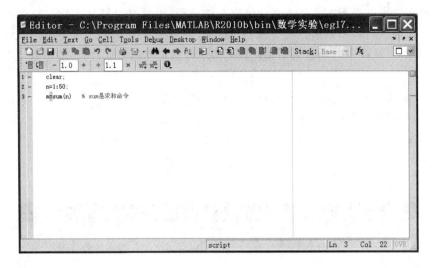

图 1.10　M 文件编辑器

```
clear;
n = 1:50;
m = sum(n)        % sum 是求和命令
```

保存为 eg17_1(这是文件名),然后选择 Debug 中的 run(运行)按钮,则在命令窗口输出:

```
m =
    1275
```

上述操作的快捷方式为 F5。另外还可以直接在命令窗口中输入文件名 eg17_1,按 Enter 键则在命令窗口中会得到上述相同的结果。

M 脚本文件没有参数传递功能,当需要修改程序中某些变量的值时必须修改文件。而利用 M 函数文件则可以进行参数传递。

4. 函数文件

函数文件的格式有严格的规定,必须以 function 开头的一行为引导行,表示该 M 文件是一个函数文件,详细格式为

function　[输出形参表]=函数名(输入形参表)

函数主体

end

格式中的 end 可有可无。当输出形参只有一个时,方括号可以去掉。函数文件的编写在编辑窗口,在其调用需要在 MATLAB 的命令窗口。其调用的一般格式为

[输出实参表]=函数名(输入实参表)

函数调用时各实参出现的顺序、个数、应与函数定义时形参的顺序、个数一致,否则会出

错。函数文件可以被脚本文件或其他函数文件调用,也可自身嵌套调用。一个函数调用它自身称为函数的递归调用。在 MATLAB 中,使用函数文件是以该函数的磁盘文件名调用,而不是以文件中的函数名调用。因而为了增强程序的可读性,一般函数文件名与函数名同名。

例如,定义函数 $f(x,y)=x^3+y^3-3xy$,并计算 $f(2,3)$。

在 M 文件编辑器中输入如下程序,如图 1.11 所示。

```
function f = eg17_2(x,y)      % 函数名为 eg17_2,返回值为 f
f = x^3 + y^3 - 3 * x * y;      % 这是函数主体
end
```

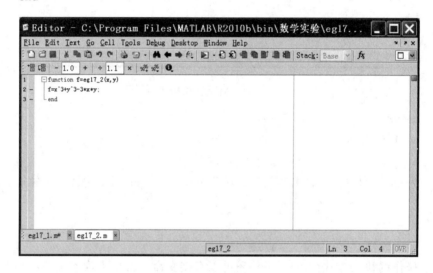

图 1.11　M 文件编辑器中的函数文件

保存为 eg17_2(这是文件名,与函数名一致),然后在命令窗口中输入

```
eg17_2(2,3)
```

按 Enter 键,则在命令窗口中输出:

```
ans =
    17
```

另外,还需要注意的是,不论是脚本文件还是函数文件,最好都直接放在 MATLAB 的默认搜索路径下,这样就不用设置 M 文件的路径了,否则应当重新设置路径。

5. 内联函数和匿名函数

比较简单的函数可以不用写外部 M 函数文件,而是用更简单的 inline 函数或匿名函数方式。其中 inline 函数的使用格式为

```
fun = inline('expr',arg1,arg2,...)      % fun 为函数名,expr 为表达式,arg1
                                          为变量 1,...
```

匿名函数的使用格式为

$$fun = @ (arg1,arg2,\ldots)expr \qquad\qquad \% \; fun，expr，arg1 \; 意义同上$$

在利用 MATLAB 编程来解决实际问题时，往往需要编写较复杂的程序，而这些程序往往都由顺序语句、选择语句和循环语句这样的控制语句组成。下面就介绍 MATLAB 中的顺序语句、选择语句和循环语句。

1.7.2　顺序语句

顺序语句就是按照顺序从头至尾地依次执行程序中的各条语句。

例 1.7.1　一个仅由顺序语句构成的 M 文件，交换 a 和 b 的取值。

解：MATLAB 命令为

```
a = 1;
b = 2;
c = a;
a = b
b = c
```

运行结果为

```
a =
     2
b =
     1
```

1.7.3　选择语句

在一些复杂的运算中，通常需要根据满足特定的条件来确定进行何种计算，为此 MATLAB 提供了 if 语句和 switch 语句，用于根据条件选择相应的计算语句。

1. if 语句

格式 1：

```
if 逻辑表达式
  程序语句组
end
```

逻辑表达式的值为真就执行下面的程序语句组，否则执行 end 后面的语句。

例 1.7.2　当从键盘输入自变量 x 的值时，由函数

$$y_1 = x\arccos x((\mid x \mid \leqslant 1)，y_2 = x^2 + e^{2x}(x \in R)$$

给出 y_1, y_2 的值。

解：MATLAB 程序如下：

```
    x = input('x = ')        % 屏幕提示 x = ,由键盘输入值赋给 x
    if abs(x)< = 1
        y1 = x * acos(x)
    end
    y2 = x^2 + exp(2 * x)
```

运行时输入 x=0.5,输出 y1=0.5236,y2=2.9683;

运行时输入 x=1.5,条件不成立,只输出 y2=22.3355。

格式 2：

```
    if 逻辑表达式
        程序语句组 1
    else
        程序语句组 2
    end
```

逻辑表达式的值为真就执行程序语句组 1,然后跳到 end 后的程序继续执行;否则就执行 else 后面的程序语句组 2,然后再接着 end 后的程序继续执行。

例 1.7.3 当从键盘输入自变量 x 的值时,由函数

$$y_1 = \begin{cases} x^3, x < 0 \\ 5x^2, x \geq 0 \end{cases}, y_2 = \arctan x + 3(x \in R)$$

给出 y_1, y_2 的值。

解:MATLAB 程序如下:

```
    clear;clc;
    x = input('x = ');
    if x<0
        y1 = x^3
    else
        y1 = 5 * x^2
    end
    y2 = atan(x) + 3
```

运行时输入 x=-1,输出 y1=-1,y2=2.2146;

运行时输入 x=0,则输出 y1=0,y2=3。

格式 3：

```
    if 逻辑表达式 1
        程序语句组 1
    elseif 逻辑表达式 2
        程序语句组 2
```

elseif 逻辑表达式 3

　程序语句组 3

……

else

　程序语句组 n

end

逻辑表达式 1 的值为真就执行程序语句组 1,然后跳到 end 后的程序继续执行;否则就判断逻辑表达式 2 的值,若值为真就执行程序语句组 2,然后再接着 end 后的程序继续执行。否则继续类型执行下面的程序语句。

例 1.7.4　编写函数

$$y = f(x) = \begin{cases} x, & x < 1 \\ 2x - 1, & 1 \leqslant x \leqslant 10 \\ 3x - 11, & 10 < x \leqslant 30 \\ \sin x + \ln x, & x > 30 \end{cases}$$

的 M 函数文件,并计算函数值 $f(0.2), f(2), f(30), f(10\pi)$。

解:MATLAB 程序如下:

```
function y = ex17_4(x)
if x<1
    y = x
elseif x< = 10
    y = 2 * x - 1
elseif x< = 30
    y = 3 * x - 11;
else
    y = sin(x) + log(x);
end
end
```

调用 ex17_4 函数文件 4 次计算函数值,并把 4 个函数值赋给变量 result

result = [ex17_4(0.2),ex17_4(2),ex17_4(30),ex17_4(10 * pi)]

得到如下结果

result =

　　0.2000　　3.0000　　79.0000　　3.4473

即 $f(0.2)=0.2, f(2)=3, f(30)=79, f(10\pi)=3.4473$。

2. switch 语句

switch 语句用于实现多重选择,其格式为

```
switch ＜表达式＞
  case ＜数值1＞
       模块1
  case ＜数值2＞
       模块2
……
  otherwise
       模块n
end
```

switch 语句的执行过程是：首先计算表达式的值，然后将其结果与每一个 case 后面的数值常量依次进行比较，如果相等则执行该 case 后面模块中的语句，然后跳到 end 后的程序继续执行。如果表达式的值与所有 case 后面的值都不相同，则执行 otherwise 后模块中的语句。

otherwise 模块也可以省略，当表达式的值与所有 case 后面的值都不相同时，就直接跳到 end 后继续程序的运行。

例 1.7.5 将百分制的学生成绩转换为五级制成绩。

解：MATLAB 程序如下：

```
clear;clc;
x = input('x = ');
switch fix(x/10)
    case{9,10}
         f = 'A 级'
    case 8
         f = 'B 级'
    case 7
         f = 'C 级'
    case 6
         f = 'D 级'
    otherwise
         f = 'E 级'
end
```

运行时输入 $x=96$，得到输出：

```
f =
    A 级
```

运行时输入 $x=50$,得到输出:

```
f =
    E 级
```

1.7.4　循环语句

在实际问题中经常会遇到一些需要有规律地重复运算的问题,此时需要重复执行某些语句,这样就需要用循环语句进行控制。在循环语句中,被重复执行的语句称为循环体,并且每个循环语句通常都包含循环条件,以判断循环是否继续进行下去。MATLAB 提供了两种循环语句:for 循环和 while 循环。

1. for 循环语句

for 循环一般用于循环次数已经确定的情况,循环判断条件通常是对循环次数的判断。for 循环语句的格式为

```
for 循环变量 = 初值:步长:终值
    循环体
end
```

将初值赋给循环变量,执行循环体;执行完一次循环之后,循环变量自动增加一个步长的值,然后再判断循环变量的值是否介于初值和终值之间,如果满足仍然执行循环体,直到不满足为止。默认步长为 1。for 循环句允许嵌套使用,一个 for 关键字必须和一个 end 关键字相匹配。

例 1.7.6　利用 for 循环求 $1\sim100$ 的整数之和。

解:MATLAB 程序如下:

```
clear;clc;
s = 0;
for i = 1:100
    s = s + i;
end
s
```

运行结果为

```
s =
    5050
```

2. while 循环语句

与 for 循环语句相比,while 循环语句一般用于循环次数不确定的情况,循环判断通常是一个逻辑判断语句。while 循环语句的格式为

```
while 逻辑表达式
    循环体
end
```

当逻辑表达式的值为真时,执行循环体语句,执行后再判断表达式的值是否为真,直到表达式的值为假时跳出循环。

例 1.7.7 利用 while 循环求 1~100 的整数之和。

解:MATLAB 程序如下:

```
clear;clc;
s = 0;
k = 0;
while k< = 100
    s = s + k;
    k = k + 1;
end
s
```

运行结果为

```
s =
    5050
```

例 1.7.6 和例 1.7.7 中的程序都只适应求 1~100 的整数之和,如果给定 n 的多个取值,求 1~n 的整数之和,需要每次都修改程序,但是如果把上两例中的脚本文件写成函数文件就方便多了,读者可以自己试一试。

1.7.5 交互语句

在程序设计中,经常会遇到输入/输出控制、提前终止循环、跳出子程序、显示出错信息等。此时就需要用到交互语句来控制程序的进行。常用的主要有以下语句。

(1) input 语句用来提示用户从键盘输入数据、字符串或表达式,并接收输入值。常用格式如下:

$$a = input('请输入变量值:')$$

在屏幕上显示提示信息'请输入变量值:',等待用户的输入,输入的数值赋给变量 a。

(2) pause 语句用于暂时中止程序的运行,然后等待用户按任意键继续进行。该命令在程序的调试过程和用户需要查询中间结果时十分有用。常用格式为 pause 或 pause (n),其中 n 表示中止 n 秒。

(3) break 语句用于终止循环的执行,即跳出最内层循环。

(4) continue 语句用于结束本次循环,进行下一次循环,break 和 continue 一般和 if 语句配合使用。

(5) return 语句用于退出正在执行的脚本或函数文件,大多情况下用在函数文件中。

MATLAB 编程的内容涉及很广,其自身也提供了一些现成的函数供用户直接调用,详细请参阅帮助系统。

习　题　1

1. 练习 MATLAB 默认界面的菜单栏和工具栏操作。

2. 熟悉 MATLAB 的常用窗口及其相关操作。

3. 定义一个变量，变量名为 holiday，赋值为"国庆黄金周"。

4. 计算表达式 $e^{12}+23^3\ln 5\div\tan 21$ 的值。

5. 用随机生成法生成一个 10 以内的 3 阶整数矩阵 A。

6. 设 $A=\begin{pmatrix}2&3\\4&5\end{pmatrix}, B=\begin{pmatrix}2&2\\2&2\end{pmatrix}$，输出矩阵 A、B，并计算 $C_1=A*B, C_2=A.*B, C_3=$ $A.\wedge B, C_4=A./B$，并说明上述 4 个运算的含义。

7. 已知 $A=\begin{pmatrix}4&-2&2\\-3&0&5\\1&5&3\end{pmatrix}, B=\begin{pmatrix}1&3&4\\-2&0&-3\\2&-1&1\end{pmatrix}$，在命令窗口中创建矩阵 A,B 并

对其进行如下操作：

(1) 提取 A 的第 1 行赋给 a，B 的第 3 列赋给 b。

(2) 分别从横向和竖向合并 A 和 B。

(3) 将矩阵 A 的第 1,2 行 1,2 列交叉处的四个元素值全部修改为 2。

(4) 在前一步的基础上构建矩阵 C，C 的第 1,2 行分别由 A 的 1,2 行 1,2 列的元素构成，C 的第 3,4 行分别由 B 的 2,3 行 2,3 列元素构成。

8. 定义符号函数 $y=1-2x+x^2$，并分别求当 $x=1,3,-2$ 时的函数值。

9. 定义符号函数 $f=\sin x(1+\cos(x^2+2))$，再求 $f(4)$ 的值。

10. 已知 $y=-452x^2+224x^3+60x^4-296x+320$，要求

(1) 定义为符号函数。

(2) 给出排版形式的函数。

(3) 因式分解函数。

11. 编写 M 文件，完成以下题目

(1) 已知 $a=3-i, b=4+2i$，计算 $c=a+b, d=a\cdot b$；

(2) 已知 $x=35°, y=\dfrac{\pi}{4}$，计算 $z=\tan x+\cos y$。

12. 使用条件语句实现根据月份来判断季节。

13. 通过键盘输入卷面成绩，判断学生成绩的等级。输出为以下信息：考试分数在 $[90,100]$ 的显示为"优"，考试分数在 $[70,89]$ 的显示为"良"，考试分数在 $[60,69]$ 的显示为"中"，其他为"差"。

14. 编写 M 脚本文件,用 for 循环语句求调和级数 $\sum\limits_{n=1}^{\infty} \dfrac{1}{n}$ 的前 n 项和,项数由键盘输入,并分别求出 $n=100,1000,10000$ 时的值。

15. 设计一个函数求和

$$1+\frac{1}{3}+\frac{1}{5}+\cdots+\frac{1}{2n-1}$$

调用该函数求 $n=100,300,700,1000$ 时的值。

16. 用 $\dfrac{\pi}{4}=1-\dfrac{1}{3}+\dfrac{1}{5}-\dfrac{1}{7}+\cdots$ 公式求 π 的近似值,直到某一项的绝对值小于 10^{-6} 为止。

第2章 线性代数实验

矩阵(向量)和行列式是线性代数的两个主要研究对象,也是将线性代数的相关知识用于解决工程技术、经济领域的一些实际问题的重要工具。利用这些工具可以简明扼要的描述相关问题,因此可以较好的提高研究或者运算的效率。本章将介绍利用 MATLAB 软件做与多项式、矩阵、线性方程组以及矩阵的特征值和特征向量有关的运算的方法。

2.1 多 项 式

2.1.1 多项式的表示方法

多项式是一种应用广泛的代数表达式,n 次一元多项式的一般形式为

$$p_n(x) = a_n x^n + a_{n-1} x^{n-1} + a_{n-2} x^{n-2} + \cdots + a_1 x + a_0$$

在 MATLAB 中,使用行向量来表示多项式的系数,并按自变量 x 的幂次由高到低的顺序排列出其相应的系数。如上述多项式的系数向量为

$$p = [a_n \quad a_{n-1} \quad a_{n-2} \cdots a_1 \quad a_0]$$

若缺项,则其对应项的系数用 0 补齐。

命令 poly2str 可以给出多项式 $p_n(x)$ 的习惯形式,具体表达形式是

$$\text{poly2str}(p, \text{'x'})$$

例 2.1.1 输入多项式 $2x^3 - x^2 + 3$。

解:MATLAB 命令如下:

    p = [2, -1, 0, 3]   %缺少 x 的一次项,故用 0 代替一次项的系数。

运行结果为

    p =

        2   -1   0   3

例 2.1.2 在 MATLAB 中给出例 2.1.1 中多项式的习惯形式。

解:MATLAB 命令如下:

    p = [2, -1, 0, 3]
    poly2str(p, 'x')

运行结果为

```
p =
     2    - 1    0    3
ans =
   2 x^3 - 1 x^2 + 3
```

2.1.2 多项式的计算

下面介绍多项式的基本运算。

1. 多项式的四则运算

MATLAB 没有提供专门进行多项式加减运算的函数,事实上,多项式的加减就是其所对应的系数向量的加减运算。对于次数相同的多项式,可以直接对其系数向量进行加减运算;如果两个多项式次数不同,则应该把低次多项式中系数不足的高次项用 0 补足,然后进行加减运算。

例 2.1.3 在 MATLAB 中计算多项式 $p_1(x) = 2x^3 - x^2 + 3$ 与 $p_2(x) = 2x + 1$ 的和与差。

解: MATLAB 命令如下:

```
p1 = [2, - 1,0,3]; p2 = [0,0,2,1];
p = p1 + p2,q = p1 - p2
px = poly2str(p,'x'), qx = poly2str(q,'x')
```

运行结果为

```
p =
     2    - 1    2    4
q =
     2    - 1    - 2    2
px =
   2 x^3 - 1 x^2 + 2 x + 4
qx =
   2 x^3 - 1 x^2 - 2 x + 2
```

命令 conv 可以计算两个多项式的乘积,具体表达形式是

conv(a,b).

式中,a,b 代表两个多项式对应的系数向量,如果使用 p = conv(a,b) 则可以将乘积结果存放在向量 p 中。

两个多项式的除法可以用函数 deconv 来计算,具体表达形式是

[q,r] = deconv(p1,p2),

式中,q 表示多项式 p1 除以 p2 的商式,r 表示余式。

例 2.1.4 在 MATLAB 中计算两个多项式 $f(x) = x^4 + 3x^3 - 2x^2 + 5x - 1$ 与 $g(x) = x^3 - x^2 + x + 1$ 的乘积以及相除的商式与余式。

解：MATLAB 命令如下：

```
p1 = [1,3, -2,5, -1]; p2 = [1, -1,1,1];
p = conv(p1,p2),[q,r] = deconv(p1,p2)
```

运行结果为

```
p =
     1     2     -4     11     -5     4     4     -1
q =
     1     4
r =
     0     0     1     0     -5
```

2. 多项式的求导

对多项式求导的函数是 polyder，具体表达形式有如下几种：

(1) p＝polyder(p1)：求多项式 p1 的导数。

(2) p＝polyder(p1,p2)：求多项式 p1 与 p2 的乘积的导数。

(3) [p,q]＝polyder(p1,p2)：求多项式 p1 与 p2 的商的导数，其中 p,q 分别是导函数的分子和分母。

例 2.1.5　设 $f(x) = x^2 - x + 3$，$g(x) = x - 1$，计算 $f'(x)$，$(f(x) \cdot g(x))'$，$\left(\dfrac{g(x)}{f(x)}\right)'$。

解：MATLAB 命令如下：

```
p1 = [1, -1,3]; p2 = [1, -1,];
p = polyder(p1),q = polyder(p1,p2), [r,s] = polyder(p2,p1)
```

运行结果为

```
p =
     2     -1
q =
     3     -4     4
r =
     -1     2     2
s =
     1     -2     7     -6     9
```

上述结果表明：

$$f'(x)=2x-1,(f(x) \cdot g(x))'=3x^2-4x+4,\left(\frac{g(x)}{f(x)}\right)'=\frac{-x^2+2x+2}{x^4-2x^3+7x^2-6x+9}。$$

3. 多项式的求值与零点

为了计算多项式在某一点的值,可以调用函数 polyval,其具体格式是:

$$y = \mathrm{polyval}(p, x)$$

若 x 为一个数值,则上述命令可求出多项式在该点的值,若 x 为向量,则对向量中的每个元素求其多项式的值。

例 2.1.6 设 $f(x) = 2x^3 - x^2 + 3$,分别令 $x = 2$ 和 $x = \begin{pmatrix} -1 & 2 \\ -2 & 1 \end{pmatrix}$,在 MATLAB 中计算对应的 $f(x)$ 的值。

解:MATLAB 命令如下:

```
p = [2, -1, 0, 3]; x1 = 2; x2 = [-1, 2; -2, 1];
y1 = polyval(p, x1), y2 = polyval(p, x2)
```

运行结果为

```
y1 =
      15
y2 =
       0   15
     -17    4
```

函数 roots 可以用来求多项式的零点,其调用格式为

```
x = roots(p)
```

这里 x 即是多项式的全部零点。

例 2.1.7 设 $f(x) = 2x^3 - x^2 + 3$,求 $f(x)$ 的全部零点。

解:MATLAB 命令如下:

```
p = [2, -1, 0, 3]; x = roots(p)
```

运行结果为

```
x =
      0.7500 + 0.9682i
      0.7500 - 0.9682i
     -1.0000
```

2.1.3 多项式的拟合与插值

拟合与插值是生产实践和科学研究中常用的求变量之间的函数关系的方法。一般情况下,如果测量值与真实值之间有误差,则用拟合;如果测量值准确无误,则用插值。

1. 拟合

多项式的拟合是指:通过测量或观察一组实验数据 $(x_i, y_i)(i = 1, 2, \cdots, n)$,利用这些数据构造一个多项式函数 $f(x)$,使得曲线 $f(x)$ 在某种准则下尽可能地接近所有数据点,

接近的数据点越多,说明曲线拟合得越好。MATLAB 的 polyfit 函数提供了从一阶到高阶多项式的拟合,其调用格式为

$$p = \mathrm{polyfit}(x, y, n)$$

式中,x,y 为已知的数组(要求维数一致),n 为要拟合的多项式阶数,向量 p 为返回的要拟合的多项式的系数。

例 2.1.8　现有一组实验数据:x 的取值是从 1 到 2 之间的数,间隔为 0.1,y 的取值为 2.1,3.2,2.1,2.5,3.2,3.5,3.4,4.1,4.7,5.0,4.8。要求分别用二次、三次和七次拟合曲线来拟合这组数据,观察这三组拟合曲线哪个效果更好?

解:MATLAB 命令如下:

```
x = 1:0.1:2;y = [2.1,3.2,2.1,2.5,3.2,3.5,3.4,4.1,4.7,5.0,4.8];
p1 = polyfit(x,y,2);
p2 = polyfit(x,y,3);
p3 = polyfit(x,y,7);
f1 = poly2str(p1,'x')
f2 = poly2str(p2,'x')
f3 = poly2str(p3,'x')
x1 = 1:0.01:2;
y1 = polyval(p1,x1);
y2 = polyval(p2,x1);
y3 = polyval(p3,x1);
plot(x,y,'rp',x1,y1,'- -',x1,y2,'k-.',x1,y3)
legend('拟合点', '二次拟合', '三次拟合', '七次拟合')
```

运行可得:

二阶拟合函数为

```
f1 = 1.3869 x^2 - 1.2608 x + 2.141
```

三阶拟合函数为

```
f2 = - 5.1671 x^3 + 24.6387 x^2 - 35.2187 x + 18.2002
```

七阶拟合函数为

```
f3 = 2865.3128 x^7 - 30 694.4444 x^6 + 139 660.1307 x^5 - 349 771.6502 x^4
   + 52 0586.127 x^3 - 460 331.9371 x^2 + 223 861.6017 x - 46 173.0375
```

各阶拟合曲线比较,如图 2.1 所示。

从图中可以看出,对上述数据的拟合,多项式次数越高,拟合效果越好。

例 2.1.9　公路上行驶的汽车在紧急刹车后由于惯性作用仍会滑行一段距离,通常的规律是:速度越快刹车后滑行的距离越大,为了测定刹车距离与车速之间的更确切的关系,交通管理部门收集了汽车运行速度与紧急刹车后滑行距离的数据,如表 2.1 所示。

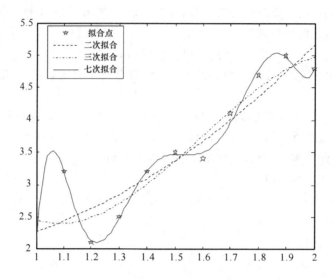

图 2.1　各次拟合曲线比较

表 2.1　汽车运行速度与刹车后滑行的距离

x 公里/小时	32	40	48	56	64	72	80	88	96	104
y/米	6.09	8.53	12.49	16.15	22.64	28.34	35.96	45.41	55.47	68.45

　　用多项式拟合方法求出拟合函数,然后推算在高速公路上当车速为 120 公里/小时的时候紧急刹车后的滑行距离。

　　解:MATLAB 命令如下:

```
clear;
x = [32,40,48,56,64,72,80,88,96,104];
y = [6.09,8.53,12.49,16.15,22.64,28.34,35.96,45.41,55.47,68.45];
p1 = polyfit(x,y,2);
p2 = polyfit(x,y,3);
y1 = polyval(p1,x);
y2 = polyval(p2,x);
f1 = poly2str(p1,'x')
f2 = poly2str(p2,'x')
wch1 = sum((y - y1).^2)            %计算残差平方和
wch2 = sum((y - y2).^2)
subplot(1,2,1),plot(x,y,'rp',x,y1)
title('二次拟合效果')
```

```
subplot(1,2,2),plot(x,y,'rp',x,y2,'--')
title('三次拟合效果')
```

运行的结果为

```
f1 = 0.0092975 x^2 - 0.41631 x + 10.3616
f2 = 4.8278e-005 x^3 - 0.00055125 x^2 + 0.20814 x - 1.7405
wch1 = 2.9806
wch2 = 1.0934
```

拟合效果图为

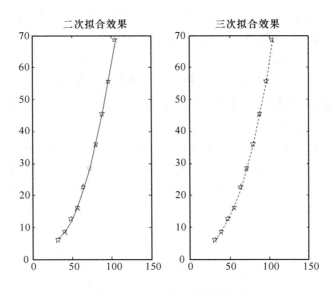

图 2.2　二、三次拟合曲线比较

从上图来看,二、三次曲线的拟合的效果似乎无明显差异,但是从残差平方和的计算结果来看,使用二次曲线的残差平方和为 2.9806,使用三次曲线的残差平方和为 1.0934。残差平方和是评判拟合函数是否合理的标准之一,残差平方越小,拟合程度越好。故应选用三次多项式做数据拟合,拟合函数为 $4.8278 \times 10^{-5} x^3 - 0.00055125 x^2 + 0.20814 x - 1.7405$。当车速为 120 公里/小时的时候,紧急刹车后的滑行距离可按如下程序计算:

```
x1 = 120;y3 = polyval(p2,x1)
```

运行结果为 y3 = 98.7222,由此可见,当车速达到 120 公里/小时时,刹车后滑行距离竟然达到 98 米之上,与车速为 104 公里/小时的紧急刹车距离 68.45 米相比,增加了近 30 米,这也提醒司机们在公路上开车时要严格控制车速和保持车距,增强安全意识。

下面介绍多项式的插值问题。

2. 插值

插值是对数据点之间函数的估值方法,在实际中通常得到的数据是离散的,如果想得到这些点之外其他点的数据,就要根据这些已知的数据进行估算,即插值。插值的任务是根据已知点的信息构造一个近似函数。最简单的插值法是多项式插值。插值和拟合有相同的地方,都是要寻找一条"光滑"的曲线将已知的数据点连贯起来,其不同之处在于,拟合的曲线不要求一定通过数据点,而插值的曲线要求必须通过数据点。

MATLAB 提供了一维插值函数 interpl 进行一维多项式插值. 其调用格式为

$$y1=interpl(x,y,x1,'method')$$

式中,x,y 是已知数据点的坐标,$x1$ 表示需要插值的数据点组成的向量,$y1$ 表示根据插值算法求得的与 $x1$ 对应的数据点;method 表示指定的所使用的插值算法。

常见的多项式插值算法有四类:

nearest:最近点插值,通过四舍五入取与已知数据点最近的值。

linear:线性插值,是默认的插值方法,它是把与插值点靠近的两个数据点用直线连接起来,然后在直线上选取对应插值点的数值。

spline:样条插值,利用已知的数据求出样条函数,然后利用样条函数进行插值。

cubic:立方插值,根据已知数据求出一个三次多项式,然后根据该多项式进行插值。

例 2.1.10　用以上四种方法对 $y=\sin x$ 在 $[0,6]$ 上的一维插值效果进行比较。

解:MATLAB 命令如下:

```
x = 0:6;
y = sin(x);
x1 = 0:0.1:6;
y11 = interp1(x,y,x1,'nearest');
y12 = interp1(x,y,x1,'linear');
y13 = interp1(x,y,x1,'spline');
y14 = interp1(x,y,x1,'cubic');
plot(x,y, 'r * ',x1,y11,' - - ',x1,y12,' - ',x1,y13,'k. - ',x1,y14,'m:')
legend('原始数据','最近点插值','线性插值','样条插值','立方插值')
```

运行结果,如图 2.3 所示。

由以上图形可以看出,样条插值的效果最好,次之是立方插值,然后是线性插值,效果比较差的是最近点插值。

二维插值主要用于图像处理与数据的可视化,与一维插值的基本思想类似。在 MATLAB 中,二维插值是通过函数 interp2 来实现的。其调用格式为

$$z=interp2(x,y,z,z1,y1,'method')$$

式中,x,y 是已知数据构成的向量组,它们的维数相同,z 为已知数据点对应值组成的矩

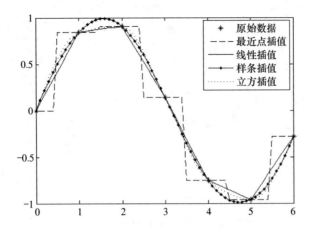

图 2.3　四种方法的一维插值效果比较

阵;x1,y1 是用于插值的数据向量,z1 表示根据插值算法求得的插值数据;method 表示所使用的插值算法。常用的二维插值算法有:最近点插值(nearest),双线性插值(bilinear)和双立方插值(bicubic)。

例 2.1.11　用以上三种方法对 $z = \dfrac{\sin \sqrt{x^2 + y^2}}{\sqrt{x^2 + y^2}}$ 在[-8,8]上的二维插值效果进行比较。

解:MATLAB 命令如下:

```
[x,y] = meshgrid( - 8:2:8);
r = sqrt(x.^2 + y.^2) + eps;z = sin(r)./r;
figure(1),mesh(x,y,z),title('数据点')
[x1,y1] = meshgrid( - 8:8);
z11 = interp2(x,y,z,x1,y1,' * nearest');
z12 = interp2(x,y,z,x1,y1,' * bilinear');
z13 = interp2(x,y,z,x1,y1,' * bicubic');
figure(2),mesh(x1,y1,z11),title('最近点插值')
figure(3),mesh(x1,y1,z12),title('双线性插值')
figure(4),mesh(x1,y1,z13),title('双立方插值')
```

图 2.4～图 2.7 分别展示的是二维多项式插值的原始数据图形、最近点插值图形、双线性插值图形和双立方插值图形,从图形效果来看,双线性插值和双立方插值比最近点插值的要好一些。

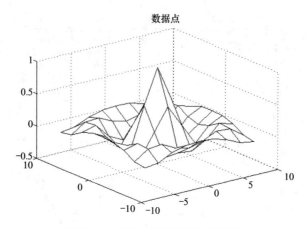

图 2.4　二维多项式原始数据图形

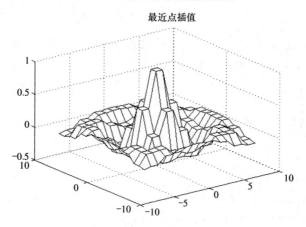

图 2.5　二维多项式最近点插值图形

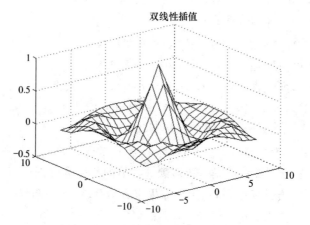

图 2.6　二维多项式双线性插值图形

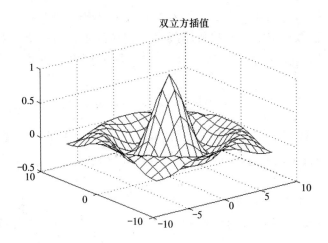

图 2.7 二维多项式双立方插值图形

习 题 2.1

1. 求下列多项式的和、差、积:

(1) $f(x) = 4x^3 - x + 3, g(x) = 5x^2 - 2x - 1$

(2) $f(x) = x^4 + 3x^2 + 4x + 5, g(x) = 2x^2 + 5x + 3$

2. 求多项式 $f(x) = 8x^4 + 6x^3 - x + 4$ 与 $g(x) = 2x^2 - x - 1$ 的商及余式。

3. 若多项式 $f(x) = 4x^2 - 3x + 1$,求 $f(-3)$、$f(7)$ 及 $f(\boldsymbol{A})$ 的值,其中 $\boldsymbol{A} = \begin{pmatrix} 1 & 2 \\ -2 & 3 \end{pmatrix}$。

4. 求方程 $x^6 - x^2 + 2x - 3 = 0$ 的所有根。

5. 用 5 次多项式对 $[0,2]$ 上的函数 $f(x) = e^x$ 进行多项式拟合。

6. 分别用 2、4、6 次多项式拟合函数 $y = \cos x$,并将拟合曲线与函数 $y = \cos x$ 的曲线进行比较。

7. 用不同方法对 $z = \dfrac{x^2}{16} - \dfrac{y^2}{9}$ 在 $[-3,3]$ 上的二维插值效果进行比较。

2.2 矩 阵 运 算

向量和矩阵是 MATLAB 最基本的对象,其中向量是特殊的矩阵。所以在第 1 章对矩阵与向量的输入、修改已经作了详细的说明,这里不再重复,下面介绍矩阵的运算。

矩阵的基本运算包括矩阵的加法、减法、乘法(常数与矩阵乘法以及矩阵与矩阵乘法)、求逆、转置、以及求行列式、求矩阵的秩等运算。在 MATLAB 中,矩阵的基本运算按以下规则进行:

（1）加减运算：对应元素相加减，即按线性代数中矩阵的"＋"和"－"运算进行。

（2）数乘运算：数 k 与矩阵 A 相乘，用数 k 乘以矩阵 A 的每一个元素。

（3）矩阵乘法：设有 $m \times s$ 矩阵 $A = (a_{ij})_{m \times s}$，$s \times n$ 矩阵 $B = (b_{ij})_{s \times n}$，则 A 与 B 的乘积 AB 定义为

$$AB = C = (c_{ij})_{m \times x}$$

式中，$c_{ij} = a_{i1}b_{1j} + a_{i2}b_{2j} + a_{i3}b_{3j} + \cdots + a_{is}b_{sj} = \sum_{k=1}^{s} a_{ik}b_{kj} \ (i = 1,2,\cdots,m, j = 1,2,\cdots,n)$。

（4）矩阵求逆：设 A 为 n 阶矩阵，E_n 为 n 阶单位阵，若存在 n 阶矩阵 B，使得

$$AB = BA$$

则称 A 为可逆矩阵，B 为 A 的逆矩阵。

（5）矩阵的转置：把矩阵 A 的行换乘同序数的列得到的一个新的矩阵，称为 A 的转置矩阵。

矩阵的基本运算、功能及其 MATLAB 命令形式如表 2.2 所示。

表 2.2　矩阵的基本运算

运算	功　能	命令形式
矩阵加减法	将两个同型矩阵相加减	$A \pm B$
数乘	将数与矩阵做乘法	$k * A$
矩阵的乘法	将两个矩阵进行矩阵相乘（前面矩阵的列数等于后面矩阵的行数）	$A * B$
矩阵的乘幂	方阵的 n 次幂	$A \wedge n$
矩阵求逆	求方阵的逆	inv(A)或 $A \wedge (-1)$
矩阵的转置	求矩阵的转置	A'
矩阵的左除	左边乘以 A 的逆，$A^{-1}B$（A 必须为一个方阵）	$A \backslash B$
矩阵的右除	右边乘以 A 的逆，BA^{-1}（A 必须为一个方阵）	B / A
矩阵求秩	求矩阵的秩	rank(A)
矩阵的行列式	求方阵的行列式	det(A)
矩阵的行变换化简	求矩阵的行最简形	rref(A)

例 2.2.1　已知 $A = \begin{pmatrix} 1 & 2 & 0 \\ 3 & 4 & -1 \\ 1 & 1 & -1 \end{pmatrix}$，$B = \begin{pmatrix} 1 & 2 & 3 \\ -1 & 0 & 1 \\ -2 & 4 & -3 \end{pmatrix}$，计算 A'，$2+A$，$2A-B$，AB，A^2，A^{-1}。

解：MATLAB 命令为

```
A＝[1 2 0;3 4 -1;1 1 -1];
B＝[1 2 3;-1 0 1;-2 4 -3]
```

$C1 = A', C2 = 2 + A, C3 = 2 * A - B, C4 = A * B,$

$C5 = A\text{^}2, C6 = A\text{^}(- 1)$

运行结果为

C1 =

1	3	1
2	4	1
0	− 1	− 1

C2 =

3	4	2
5	6	1
3	3	1

C3 =

1	2	− 3
7	8	− 3
4	− 2	1

C4 =

− 1	2	5
1	2	16
2	− 2	7

C5 =

7	10	− 2
14	21	− 3
3	5	0

C6 =

− 3.0000	2.0000	− 2.0000
2.0000	− 1.0000	1.0000
− 1.0000	1.0000	− 2.0000

需要注意的是,如果从线性代数的角度看,表达式 2+A 是没有意义的,但在 MAT-LAB 中,2+A 表示将矩阵 A 的每一个元素都加 2。

例 2.2.2　设矩阵 $A = \begin{pmatrix} 1 & 0 & 1 \\ 2 & 1 & 1 \\ 3 & 2 & -1 \end{pmatrix}$,求矩阵 A 的秩、行列式和行最简形。

解:MATLAB 命令为

$A = [1\ 0\ 1; 2\ 1\ 1; 3\ 2\ -1];$

$b = \text{rank}(A), c = \det(A), E = \text{rref}(A)$

运行结果为

```
b =

    3

c =

   -2

E =

    1    0    0

    0    1    0

    0    0    1
```

例 2.2.3 设矩阵 $A = \begin{pmatrix} 1 & 2 \\ 3 & 4 \end{pmatrix}$, $B = \begin{pmatrix} 1 & 2 \\ -1 & 0 \end{pmatrix}$, 求解矩阵方程 $XA = B, AY = B$。

解: 当矩阵 A 可逆时, 在以上两个方程两边分别右乘和左乘 A 的逆, 即可得 $X = BA^{-1}, Y = A^{-1}B$, 在 MATLAB 中则可以用右除和左除来实现此功能, 具体命令为

```
A = [1 2;3 4];B = [1 2; -1 0];
X = B * inv(A),X1 = B/A,
Y = inv(A) * B,Y1 = A\B
```

运行结果为

```
X =

    1.0000         0

    2.0000   -1.0000

X1 =

    1.0000         0

    2.0000   -1.0000

Y =

   -3.0000   -4.0000

    2.0000    3.0000

Y1 =

   -3.0000   -4.0000

    2.0000    3.0000
```

例 2.2.4 设矩阵 $A = (1,2,3)$, $B = (2,4,3)$, 分别计算 $A * B', B' * A, A. * B, B. * A, A./B, A.\backslash B, A/B, A\backslash B$, 并分析结果的意义。

解: MATLAB 命令为

```
A = [1 2 3];B = [2 4 3];C1 = A * B',C2 = B' * A,
D1 = A. * B,D2 = B. * A,E1 = A./B,E2 = A.\B,F1 = A/B,F2 = A\B
```

运行结果为

```
C1 =
     19
C2 =
     2      4      6
     4      8     12
     3      6      9
D1 =
     2      8      9
D2 =
     2      8      9
E1 =
   0.5000    0.5000    1.0000
E2 =
     2      2      1
F1 =
   0.6552
F2 =
     0          0          0
     0          0          0
   0.6667    1.3333    1.0000
```

从以上结果可以看出：

(1) $C1 \neq C2$，这再次验证了矩阵的乘法不满足交换律。

(2) $D1 = D2$，这说明若两个矩阵维数相同，则可按数组的方式进行乘法运算，且此时具有交换律。

(3) $E1, E2$ 为矩阵 A, B 分别按照数组的右除和左除所得的运算结果，显然两个结果有区别。

(4) 对比 $E1, F1, E2, F2$ 的形式不难发现，数组的左除(右除)与矩阵的左除(右除)的运算方法是有较大差异的，在 MATLAB 中作此类计算时，一定要注意这两种运算符的不同。

习　题　2.2

1. 已知矩阵 $A = \begin{pmatrix} 1 & 3 \\ 3 & 5 \end{pmatrix}$，$B = \begin{pmatrix} 2 & 4 \\ 5 & 3 \end{pmatrix}$，求 $A+B, A-B, AB, BA, |A|, |B|$。

2. 已知矩阵 $\boldsymbol{A} = \begin{pmatrix} 1 & 3 & 5 \\ 0 & 2 & 7 \\ -1 & 1 & 3 \end{pmatrix}$，求 $|\boldsymbol{A}|$，$\boldsymbol{A}^{-1}$，$\boldsymbol{A}^3$，$\boldsymbol{A}^T\boldsymbol{A}$ 以及 $\boldsymbol{A}$ 的行最简形。

3. 随机输入一个五阶方阵，并求其转置、行列式、秩以及行最简形。

4. 在 MATLAB 中求解如下矩阵方程：

(1) $\begin{pmatrix} 2 & 5 \\ 1 & 3 \end{pmatrix} \boldsymbol{X} = \begin{pmatrix} 4 & -6 \\ 2 & 1 \end{pmatrix}$；

(2) $\boldsymbol{X} \begin{pmatrix} 2 & 1 & -1 \\ 2 & 1 & 0 \\ 1 & -1 & 1 \end{pmatrix} = \begin{pmatrix} 1 & -1 & 3 \\ 4 & 3 & 2 \end{pmatrix}$。

2.3 线性方程组

线性方程组的一般形式为

$$\begin{cases} a_{11}x_1 + a_{12}x_2 + \cdots + a_{1n}x_n = b_1 \\ a_{21}x_1 + a_{22}x_2 + \cdots + a_{2n}x_n = b_1 \\ \qquad\qquad\qquad \vdots \\ a_{m1}x_1 + a_{m2}x_2 + \cdots + a_{mn}x_n = b_m \end{cases}$$

设

$$\boldsymbol{A} = \begin{pmatrix} a_{11} & a_{12} & \cdots & a_{1n} \\ a_{21} & a_{22} & \cdots & a_{2n} \\ \vdots & \vdots & & \vdots \\ a_{m1} & a_{m2} & \cdots & a_{mn} \end{pmatrix}, \boldsymbol{x} = \begin{pmatrix} x_1 \\ x_2 \\ \vdots \\ x_n \end{pmatrix}, \boldsymbol{b} = \begin{pmatrix} b_1 \\ b_2 \\ \vdots \\ b_m \end{pmatrix}$$

则方程组可描述为如下矩阵形式

$$\boldsymbol{A}\boldsymbol{x} = \boldsymbol{b}$$

一般情况下，线性方程组的求解分为两类：一类是求方程组唯一解或者特解，另一类是求方程组的无穷解，即通解。有关线性方程组 $\boldsymbol{A}\boldsymbol{x} = \boldsymbol{b}$ 的解的存在性，有以下结论：

(1) 若系数矩阵的秩等于增广矩阵的秩等于 n，即 $r(\boldsymbol{A}) = r(\boldsymbol{A} \vdots \boldsymbol{b}) = n$（方程组中未知数的个数），则有唯一解。

(2) 若系数矩阵的秩等于增广矩阵的秩小于 n，即 $r(\boldsymbol{A}) = r(\boldsymbol{A} \vdots \boldsymbol{b}) < n$，则方程组有无穷解。

(3) 若系数矩阵的秩不等于增广矩阵的秩，即 $r(\boldsymbol{A}) \neq r(\boldsymbol{A} \vdots \boldsymbol{b})$，则方程组无解。

线性方程组的求解分为求唯一解或者特解以及求通解两种情况，因此下面从这两个方面来阐述线性方程组的求解方法。

2.3.1　求线性方程组的唯一解或者特解

方法一　求逆法

对于线性方程组 $Ax = b$，如果系数矩阵是可逆方阵，则可通过表达式 $x = A^{-1}b$ 来求解。

例 2.3.1　求方程组

$$\begin{cases} x_1 - x_2 = 4 \\ 2x_1 - 3x_2 = 1 \end{cases}$$

的解。

解：MATLAB 命令如下：

```
A = [1 -1;2 -3];b = [4;1];X = inv(A) * b
```

运行结果为

```
X =
    11
     7
```

以上结果表明：$x_1 = 11, x_2 = 7$。

例 2.3.2　求方程组

$$\begin{cases} x_1 + x_2 + x_3 + x_4 = 5 \\ x_1 + 2x_2 - x_3 + 4x_4 = -2 \\ 2x_1 - 3x_2 - x_3 - 5x_4 = -2 \\ 3x_1 + x_2 + 2x_3 + 11x_4 = 0 \end{cases}$$

的解。

解：MATLAB 命令如下：

```
A = [1 1 1 1;1 2 -1 4;2 -3 -1 -5;3 1 2 11];
b = [5; -2; -2;0];X = inv(A) * b
```

运行结果为

```
X =
     1.0000
     2.0000
     3.0000
    -1.0000
```

以上结果表明：$x_1 = 1, x_2 = 2, x_3 = 3, x_4 = -1$。

方法二　左除右除法

对于矩阵方程 $AX = B$ 或 $XA = B$（这里 X, B 均为矩阵），如果此时 A 可逆，则可用左除或者右除的方法求 X。一般情况下，左除右除法比求逆法用的时间少，且精度比求逆法高。

方程 $AX=B$ 的求解命令为

$$X=A\backslash B$$

方程 $XA=B$ 的求解命令为

$$X=B/A$$

例 2.3.3 解矩阵方程 $XA=B$,其中

$$A=\begin{pmatrix} 2 & 1 & -1 \\ 2 & 1 & 0 \\ 1 & -1 & 1 \end{pmatrix}, B=\begin{pmatrix} 1 & -1 & 3 \\ 4 & 3 & 2 \end{pmatrix}$$

解:MATLAB 命令如下:

```
A = [2 1 -1;2 1 0;1 -1 1];B = [1 -1 3;4 3 2];
X = B/A
```

运行结果为

```
X =
        -2.0000    2.0000    1.0000
        -2.6667    5.0000    -0.6667
```

例 2.3.4 设有两组观测数据 t 和 y,如表 2.3 所示,假设可以用模型

$$y=x_1t+x_2t^2$$

来拟合这两组数据,试求拟合系数。

表 2.3　观测数据

t	0.1	0.2	0.3	0.4	0.5
y	0.045	0.12	0.2	0.33	0.52

解:根据表 2.2 的数据可得如下方程组

$$\begin{cases} 0.1x_1+0.1^2x_2=0.045 \\ 0.2x_1+0.2^2x_2=0.12 \\ 0.3x_1+0.3^2x_2=0.2 \\ 0.4x_1+0.4^2x_2=0.33 \\ 0.5x_1+0.5^2x_2=0.52 \end{cases}$$

将上述方程组简写为 $Ax=b$,先看看系数矩阵与增广矩阵的秩的情况. 输入命令

```
A = [0.1 0.1^2;0.2 0.2^2;0.3 0.3^2;0.4 0.4^2;0.5 0.5^2];
B = [0.1 0.1^2 0.045;0.2 0.2^2 0.12;0.3 0.3^2 0.2;0.4 0.4^2 0.33;0.5 0.5^2 0.52];
rank(A),rank(B)
```

运行结果为

```
ans =

          2

ans =

          3
```

上述结果表明,方程组系数矩阵的秩不等于增广矩阵的秩,所以原方程组无解。但是,原方程组有一定的实际意义,常常需要在实际应用中求出最小二乘解,也就是使得向量 $Ax-b$ 的长度达到最小的解。输入命令

```
b = [0.045;0.12;0.2;0.33;0.52];
X = A\b
```

运行结果为

```
X =

     0.2111

     1.6196
```

在方程组无解的情况下,仍然可以通过命令 X＝A\b 得到一个解,这个解就是该方程组的一个最小二乘解。

方法三　初等变换法

当方程组有无穷多组解时,可以利用 rref 函数求出增广矩阵的行最简形,然后根据行最简形对应的同解方程组确定原方程组的一个特解。

例 2.3.5　求方程组

$$\begin{cases} x_1+x_2-3x_3-x_4=1 \\ 3x_1-x_2-3x_3+4x_4=4 \\ x_1+5x_2-9x_3-8x_4=0 \end{cases}$$

的一个特解。

解:MATLAB 命令如下:

```
A = [1 1 -3 -1;3 -1 -3 4;1 5 -9 -8];
B = [1 40]';
C = [A,B];
R = rref(C)
```

运行结果为

```
R =

    1.0000         0       -1.5000     0.7500     1.2500

         0    1.0000       -1.5000    -1.7500    -0.2500

         0         0             0          0          0
```

由此可得与原方程组同解得方程组

$$\begin{cases} x_1-1.5x_3+0.75x_4=1.25 \\ x_2-1.5x_3-1.75x_4=-0.25 \end{cases}$$

令 $x_3=x_4=0$,可得解向量 $x=(1.25,-0.25,0,0)^T$,这便是原方程组的一个特解。

2.3.2 求线性方程组的通解

非齐次线性方程组 $Ax=b$ 的通解等于其对应的齐次线性方程组 $Ax=0$ 的通解加上非齐次线性方程组的一个特解,因此先讨论齐次方程组 $Ax=0$ 的通解的求法。

在 MATLAB 中,可以用 null 函数求解齐次线性方程组 $Ax=0$ 的基础解系。具体调用格式有

null(A):得到系数矩阵为 A 的齐次方程组的基础解系。

null(A,'r'):得到系数矩阵为 A 的齐次方程组的有理数形式的基础解系。

例 2.3.6 求方程组

$$\begin{cases} x_1+2x_2+2x_3+x_4=0 \\ 2x_1+x_2-2x_3-2x_4=0 \\ x_1-x_2-4x_3-3x_4=0 \end{cases}$$

的通解。

解:首先求以上方程组的基础解系。运行以下命令:

```
A = [1 2 2 1;2 1 -2 -2;1 -1 -4 -3];
format rat
B = null(A,'r')
```

结果为

```
B =

      2        5/3
     -2       -4/3
      1        0
      0        1
```

令 $\xi_1=(2,-2,1,0)^T$,$\xi_2=(5/3,-4/3,0,1)^T$,则原方程组的通解为 $x=k_1\xi_1+k_2\xi_2$,式中,k_1,k_2 为任意常数。

也可以通过求出齐次线性方程组系数矩阵的行最简形得到以上基础解系,对上述方程组,若运行命令

```
A=[1  2  2  1;2  1  -2  -2;1  -1  -4  -3];
C = rref(A)
```

运行结果为

```
C =
        1       0      -2      -5/3
        0       1       2       4/3
        0       0       0       0
```

由此可得同解方程组

$$\begin{cases} x_1 = 2x_3 + \dfrac{5}{3}x_4 \\ x_2 = -2x_3 - \dfrac{4}{3}x_4 \end{cases}$$

分别令 $(x_3, x_4) = (1,0), (0,1)$，则可得与上面结果一致的基础解系。

下面举例说明求非齐次线性方程组通解的一般方法。

例 2.3.7　求方程组

$$\begin{cases} x_1 + 2x_2 + 2x_3 + x_4 = 1 \\ 2x_1 + x_2 - 2x_3 - 2x_4 = 2 \\ x_1 - x_2 - 4x_3 - 3x_4 = 1 \end{cases}$$

的通解。

解：在命令窗口输入命令

```
A = [1 2 2 1;2 1 -2 -2;1 -1 -4 -3];
B = [1 2 2 1 1;2 1 -2 -2 2;1 -1 -4 -3 1];
a = rank(A), b = rank(B)
```

运行结果为

```
a =
        2
b =
        2
```

这说明 $r(\boldsymbol{A}) = r(\boldsymbol{A} \vdots \boldsymbol{b}) < 4$，方程组有无穷解。由例 2.3.6 可知，与这个方程组对应的齐次方程组的通解为 $\boldsymbol{\xi}_1 = (2, -2, 1, 0)^T$，$\boldsymbol{\xi}_2 = (5/3, -4/3, 0, 1)^T$，下面求此方程组的一个特解。运行命令

```
rref(B)
```

得到矩阵

```
ans =
        1       0      -2      -5/3     1
        0       1       2       4/3     0
        0       0       0       0       0
```

由此可得方程组

$$\begin{cases} x_1 - 2x_3 - \dfrac{5}{3}x_4 = 1 \\ x_2 + 2x_3 + \dfrac{4}{3}x_4 = 0 \end{cases}$$

令 $(x_3, x_4) = (0, 0)$，由此可得原方程组的一个特解 $\boldsymbol{\xi}^* = (1, 0, 0, 0)^T$，所以原方程组的通解为

$$\boldsymbol{x} = k_1 \boldsymbol{\xi}_1 + k_2 \boldsymbol{\xi}_2 + \boldsymbol{\xi}^*$$

习 题 2.3

1. 解下列齐次线性方程组：

(1) $\begin{cases} x_1 + x_2 = 0 \\ 2x_1 + x_2 + x_3 + 2x_4 = 0 \\ 5x_1 + 3x_2 + 2x_3 + 2x_4 = 0 \end{cases}$
(2) $\begin{cases} x_1 + x_2 + 2x_3 - x_4 = 0 \\ -x_1 + x_2 + 3x_3 = 0 \\ 2x_1 - 3x_2 + 4x_3 - x_4 = 0 \end{cases}$

(3) $\begin{cases} x_1 + x_2 + x_3 + x_4 = 0 \\ 2x_1 + 2x_2 + x_3 + 3x_4 = 0 \\ x_1 + x_2 + 2x_3 = 0 \end{cases}$

2. 解下列非齐次线性方程组：

(1) $\begin{cases} x_1 + x_2 + x_3 = 1 \\ -x_1 + 2x_2 - 4x_3 = 2 \\ 2x_1 + 5x_2 - x_3 = 5 \end{cases}$
(2) $\begin{cases} x_1 - x_2 - x_3 + x_4 = 0 \\ x_1 - x_2 + x_3 - 3x_4 = 1 \\ x_1 - x_2 - 2x_3 + 3x_4 = -1/2 \end{cases}$

3. 当 λ 为何值时，下面的方程组有解，并求出其所有解。

$$\begin{cases} -2x_1 + x_2 + x_3 = -2 \\ x_1 - 2x_2 + x_3 = \lambda \\ x_1 + x_2 - 2x_3 = \lambda^2 \end{cases}$$

2.4 特征值与特征向量

矩阵的特征值及其特征向量在科学研究和工程计算中有非常广泛的应用，物理、力学和工程技术中的许多问题往往归结为求矩阵的特征值及特征向量问题。

设 A 为 n 阶方阵，λ 是一个数，如果存在非零 n 维向量 x，使得：$Ax = \lambda x$，则称 λ 是方阵 A 的一个特征值，非零向量 x 为矩阵 A 的属于（或对应于）特征值 λ 的特征向量。

求方阵 A 的特征值及特征向量的步骤为

(1) 计算特征多项式 $|\lambda E - A|$。

（2）求 $|\lambda E - A| = 0$ 的全部根，它们就是 A 的全部特征值。

（3）对于矩阵 A 的每一个特征值 λ_0，求出齐次线性方程组 $(\lambda_0 E - A)x = 0$ 的一个基础解系：$p_1, p_2, \cdots, p_{n-r}$，其中 r 为矩阵 $\lambda_0 E - A$ 的秩，则矩阵 A 的属于 λ_0 的全部特征向量为：$k_1 p_1 + k_2 p_2 + \cdots + k_{n-r} p_{n-r}$，其中 $k_1, k_2, \cdots, k_{n-r}$ 为不全为零的常数。

MATLAB 中求矩阵的特征值及特征向量的相关命令有：

poly(A)：求矩阵 A 的特征多项式，运行的结果是多项式所对应的系数。

d = eig(A)：返回矩阵 A 的全部特征值组成的列向量（n 个特征值全部列出）。

[V, D] = eig(A)：返回 A 的特征值矩阵 D（主对角线元素为特征值）与特征向量矩阵 V（列向量与特征值一一对应），满足 $AV = VD$。

例 2.4.1　已知矩阵

$$A = \begin{pmatrix} 1 & 2 \\ 0 & 3 \end{pmatrix}$$

求 A 的特征多项式、特征值及对应的特征向量。

解：MATLAB 命令如下：

```
A = [1 2;0 3];
p = poly(A),
[V,D] = eig(A)
```

运行结果为

```
p =
    1    -4     3
V =
    1.0000    0.7071
         0    0.7071
D =
    1    0
    0    3
```

这说明矩阵 A 的特征多项式为 $x^2 - 4x + 3$，在特征值矩阵 D 中，主对角线上的 1、3 为 A 的特征值，特征向量矩阵 V 的列向量分别是特征值 1、3 的特征向量。

例 2.4.2　已知矩阵

$$A = \begin{pmatrix} 0 & -1 & -1 \\ -1 & 0 & -1 \\ -1 & -1 & 0 \end{pmatrix}$$

求 A 的行列式、特征值及对应的特征向量。

解：MATLAB 命令如下：

```
A = [0 -1 -1;-1 0 -1;-1 -1 0];
```

```
det(A)
[V,D] = eig(A)
```
运行结果为
```
ans =
    - 2
V =
    - 0.5774    - 0.3938    - 0.7152
    - 0.5774      0.8163      0.0166
    - 0.5774    - 0.4225      0.6987
D =
    - 2.0000         0          0
         0      1.0000         0
         0           0      1.0000
```

以上结果表明矩阵 A 的行列式为 -2，在特征值矩阵 D 中，主对角线上的 -2、1、1 为 A 的特征值，显然 $|A| = -2 = -2 \times 1 \times 1$，这也验证了方阵的行列式等于其全部特征值的乘积的结论；特征向量矩阵 V 的三个列向量分别是特征值 -2、1、1 的特征向量。

由于特征值与特征向量的相关知识在矩阵的对角化和二次型的标准化中有非常重要的应用，下面通过两个例子介绍一下利用 **MATLAB** 将实对称矩阵对角化以及将二次型标准化的方法。这里需要用到命令 orth，其调用格式为

$$P = orth(A)$$

其功能是将矩阵 A 的特征向量空间正交化，得到正交矩阵 P。

例 2.4.3 求正交矩阵 Q，使 $Q^T AQ$ 为对角阵，其中 $A = \begin{pmatrix} 1 & -2 & 2 \\ -2 & -2 & 4 \\ 2 & 4 & -2 \end{pmatrix}$。

解：MATLAB 命令如下：
```
format short
A = [1 - 2 2; -2 - 2 4;2 4 -2];
[V,D] = eig(A),
Q = orth(A),
B = Q'* A * Q,
Q * Q'
```
运行结果为
```
V =
      0.3333      0.9339    - 0.1293
      0.6667    - 0.3304    - 0.6681
    - 0.6667      0.1365    - 0.7327
```

```
    D =
      - 7.0000          0          0
           0     2.0000          0
           0          0     2.0000
    Q =
      - 0.3333     0.9428     0.0000
      - 0.6667   - 0.2357     0.7071
        0.6667     0.2357     0.7071
    B =
      - 7.0000     0.0000     0.0000
        0.0000     2.0000          0
        0.0000   - 0.0000     2.0000
    ans =
        1.0000     0.0000   - 0.0000
        0.0000     1.0000          0
      - 0.0000          0     1.0000
```

上述结果表明,$B = Q^T A Q$,且 Q 为正交矩阵,因而矩阵 B 确实是矩阵 A 对角化的结果。

例 2.4.4　用正交变换法化实二次型 $f(x_1, x_2) = x_1^2 + 6x_1x_2 + x_2^2$ 为标准形,并写出该正交变换。

解:二次型的系数矩阵 $A = \begin{pmatrix} 1 & 3 \\ 3 & 1 \end{pmatrix}$,输入命令

```
    A = [1 3;3 1];
    [V,D] = eig(A),
    Q = orth(A),
    B = Q' * A * Q,
    Q * Q'
```

运行结果为

```
    V =
      - 0.7071     0.7071
        0.7071     0.7071
    D =
      - 2          0
        0          4
```

```
Q =
    - 0.7071    - 0.7071
    - 0.7071      0.7071
B =
    4.0000      0.0000
    0.0000    - 2.0000
ans =
      1.0000           0
           0      1.0000
```

结果表明,所求正交矩阵为

$$Q = \begin{pmatrix} -0.7071 & -0.7071 \\ -0.7071 & 0.7071 \end{pmatrix}$$

通过正交变换 $x = Qy$ 可以将上述二次型化为标准型 $4y_1^2 - 2y_2^2$。

习 题 2.4

1. 求矩阵 $\begin{pmatrix} 3 & 0 \\ 1 & 9 \end{pmatrix}$ 的特征多项式、特征值和特征向量。

2. 求矩阵 $\begin{pmatrix} 2 & 1 & 1 \\ 1 & 2 & 1 \\ 1 & 1 & 2 \end{pmatrix}$ 的特征多项式、特征值和特征向量。

3. 求一个正交变换,将二次型 $f = 2x_1^2 + 3x_2^2 + 3x_3^2 + 4x_2x_3$ 化为标准型。

第3章　一元微积分实验

本章主要介绍用 MATLAB 软件进行曲线作图,求函数极限、导数、积分,方程(组)求根、无穷级数的运算等。

3.1 曲 线 作 图

"百闻不如一见",视觉是人们感受世界、认识自然的最直接途径之一。数据可视化的任务就是通过图形,从一堆繁杂的数据和复杂的函数公式中观察变量的内在关系,感受图像所传递的深层信息。

MATLAB 可以将计算数据以二维、三维的图形显示,通过对图形线型、色彩、光线、视角等的指定和处理,可以把计算数据的特征更好地表现出来。本节主要讨论二维作图的相关命令和方法。

3.1.1　曲线的几种表示形式

曲线常见的几种表示形式有:

(1) 直角坐标显式:$y=f(x)$。如 $y=\sin x$,$y=\mathrm{e}^x$。

(2) 直角坐标隐式:$F(x,y)=0$。如 $x^2+y^2=1$。

(3) 参数方程形式:$x=x(t)$,$y=y(t)$,$t\in[\alpha,\beta]$。如星形线:
$$x=a\cos^3 t,y=a\sin^3 t,t\in[0,2\pi]$$

(4) 极坐标形式:$\rho=\rho(\theta)$,$\theta\in[\alpha,\beta]$。如心形线 $\rho=1+\cos\theta$,$\theta\in[0,2\pi]$。

3.1.2　曲线作图的 MATLAB 命令

MATLAB 中主要用 plot、fplot、ezplot、polar 等命令来绘制平面曲线。

plot(x)　　　　　　　　　x 为向量时,以该元素的下标为横坐标、元素值为纵坐标绘出曲线;

x 为实数二维数组时,则按列绘制每列元素值相对其下标的曲线,曲线数等于 x 数组的列数。

plot(x,y)　　　　　　　　x、y 为同维数组时,绘制以 $(x(i),y(i))$ 为节点的折线图;x 为向量,y 为二维数组、且其列数或行数等于 x 的元素数时,绘制多条不同颜色的曲线。

plot(x1,y1, x2,y2,…)	绘制以 x1 为横坐标、y1 为纵坐标的曲线 1,以 x2 为横坐标、y2 为纵坐标的曲线 2,等等。
fplot(fun,[a,b])	做出函数 fun 在区间[a,b]上的图形。
ezplot(fun,[xmin,xmax])	作出隐函数 funfun＝$F(x,y)＝0$ 的图形,其中 xmin,xmax 分别为 x 的下界和上界。
polar(theta,rho)	极坐标系作图,其中 theta 为极坐标中的极角,rho 为极径。

在 MATLAB 中,通常有三种方式作图,最基本的作图方式是描点法,如:plot、polar 都是将括号内的点按照坐标描出后连接起来,形成折线;另一种是函数处理,例如 fplot,后面跟上所定义的函数,函数的定义域甚至可以内部处理;还有一种涉及符号运算,例如 ezplot,它是符号作图,不是描点作图,输入的参数只能是符号表达式或字符串,不能是数据。所以要先通过 syms 命令定义符号函数,这一点在隐函数和参数作图时尤为明显。

例 3.1.1 已知点列(x_i,y_i)坐标如下:
$$x＝[0,1,3,5,6,7], y＝[3,1,4,2,6,-1]$$
试将这一点列连接成折线。

解:MATLAB 命令如下:
```
x＝[0,1,3,5,6,7];
y＝[3,1,4,2,6,-1];
plot(x,y)
```
运行结果如图 3.1 所示。

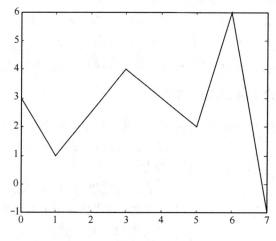

图 3.1　点列连接成折线图

3.1.3　曲线作图命令的选项

MATLAB 中,plot 命令除了有以上基本形式外,还有以下形式:plot(x,'s')、plot(x, y,'s')、plot(x1,y1,'s',x2,y2,'s',…),其中参数's'中包含的字符串,用不同的参数画出不同要求的图形,由参数控制图形的线型、颜色、点型等。如果没有这一参数,系统默认蓝色细实线绘制图形。

表 3.1　曲线线型和色彩命令选项

线型	—		-.		— —		:	
	实线(默认值)		点划线		虚线		点线	
色彩	g	b	r	y	m	c	k	w
	绿	蓝	红	黄	紫	青	黑	白

表 3.2　数据点形状命令选项

符号	含义	符号	含义
o	圆圈	+	加号
*	星号	x	叉号
s	方形	d	菱形
∧	上三角	<,>	左,右三角
p	五角形	h	六角形

MATLAB 默认图形效果不满足要求时,可根据需要加以修改,可从图形窗口编辑,也可以通过程序命令控制。常用图形标注有图题的标注,坐标轴的标签,文本标注和交互式文本标注,图例的添加,坐标网格的添加,使用矩形或是椭圆在图形中圈出重要部分。

表 3.3　常用图形标注选项

函数	功能	函数	功能
title	添加标题	xlable	x 轴标注
legend	添加图例	ylable	y 轴标注
text	在指定位置添加文本	colorbar	添加颜色条
grid on	添加坐标网格	grid off	去掉坐标网格

例 3.1.2 在同一窗口作出函数 $y_1 = \sin x, y_2 = \cos x$ 的图形。

解: 输入命令：

```
x = 0:pi/100:2 * pi;
y1 = sin(x);
y2 = cos(x);
plot(x,y1,x,y2,'ro');
grid on,xlabel('x'), ylabel('y')
title('The sketch of the functions')
axis([-0.2,7.4,-1.1,1.2])
```

运行结果如图 3.2 所示。

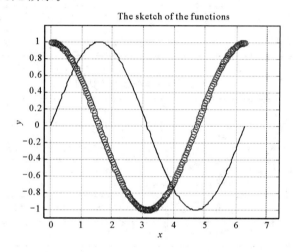

图 3.2 函数 $y_1 = \sin x, y_2 = \cos x$ 的图形

例 3.1.3 在不同窗口作出函数 $y_1 = \sin x \cdot \cos(x^2), y_2 = \sin x \cdot \sin(x^2)$ 的图形。

解: 输入命令：

```
x = 0:0.01:5;
y1 = sin(x). * cos(x.^2);
plot(x,y1);
y2 = sin(x). * sin(x.^2);
figure(2);
plot(x,y2);
```

第一次出现绘图命令会自动弹出图形窗口,同时把图形绘制在弹出的图形窗口中,如需要重新绘制另一个图形,可用 figure 命令打开新的一个图形窗口,它的一般调用格式是 figure(n),作用是表示打开第 n 个图形窗口。上述命令的运行结果如图 3.3 所示。

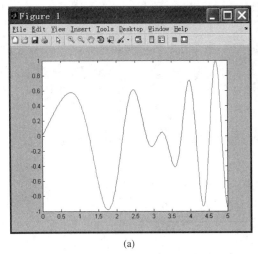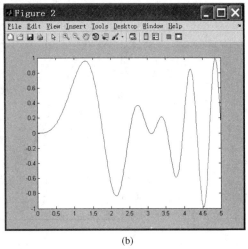

(a)   (b)

图 3.3   函数 $y_1 = \sin x \cdot \cos(x^2)$，$y_2 = \sin x \cdot \sin(x^2)$ 的图形

例 3.1.4   在一幅图形窗口中，分别绘制函数 $f_1(x) = e^{-x^2}$，$f_2(x) = x^2 e^{-x^2}$，$f_3(x) = xe^{-x^2}$ $f_4(x) = e^{-x}$ 的图形，其中 $x \in [0, 50]$。

解：输入命令：

```
x = linspace(0,3,50);
f1 = exp( - x.^2);
f2 = (x.^2). * exp( - x.^2);
f3 = x. * exp( - x.^2);
f4 = exp( - x);
plot(x,f1,x,f2,x,f3,x,f4);
```

运行结果如图 3.4 所示。

在绘制多组曲线时，MATLAB 自动选择曲线的颜色，为了标识不同的曲线。还可以对曲线和以至整个图形作进一步的修饰。

3.1.4   曲线作图之多子图作图

MATLAB 允许开多个窗口描绘不同的图形，也可以在同一图形窗口布置几幅独立的子图。

subplot(m,n,k)   使 $m \times n$ 幅子图中第 k 个子图成为当前图；

subplot('position', [left, bottom, width, height])

在指定的位置上画子图，并成为当前图；

subplot(m,n,k) 的功能是将图形窗口分割为 $m \times n$ 个子图，k 为要指定的当前子图的编号。其编号原则是左上方为第 1 子图，然后按照向右向下依次排序. 该指令按默认

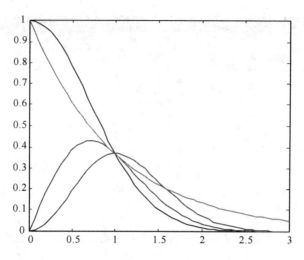

图 3.4　在一幅图形窗口中显示四条曲线

值分割子图区域. subplot('postion',［left, bottom, width, height］)用于手工指定子图位置,指定位置的四元组采用归一化的形式,即认为整个图形窗口绘图区域的高、宽的取值范围都是［0,1］,而左下角为(0,0)坐标。subplot 产生的子图彼此独立,所有的绘图指令均可以在子图中使用。

　　MATLAB 还提供了图形重叠绘制功能,当一个图形对象上已经绘有图形后,使用 hold 指令可以将后续图形能添加到当前图形上。

　　hold on　　　　保留当前图形及其坐标轴,允许后续图形添加到原图上。

　　hold off　　　　其后的绘图命令将抹掉原图而重新绘制(默认设置)。

　　hold　　　　　on 与 off 的状态切换。

　　例 3.1.5　多子图作图:$y_1 = \sin x \cdot \cos(x^2)$,$y_2 = \cos(x^2)$,$y_3 = \sin x \cdot \sin(x^2)$,$y_4 = \sin x \cdot \cos(x^2) + \cos(x^2)$。

　　解:输入命令:

```
x = 0:0.01:5;
y1 = sin(x). * cos(x.^2);
y2 = cos(x.^2);
y3 = sin(x). * sin(x.^2);
y4 = y1 + y2;
subplot(2,2,1),plot(x,y1);
subplot(2,2,2),plot(x,y2);
subplot(2,2,3),plot(x,y3);
subplot(2,2,4),plot(x,y4);
```

　　运行结果如图 3.5 所示。

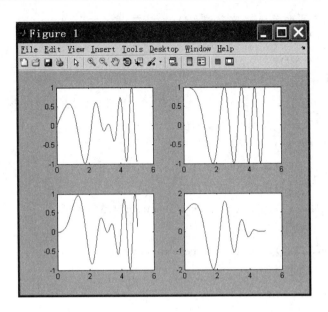

图 3.5　多子图作图

例 3.1.6　分别按以下要求绘制函数 $f_1(x) = \mathrm{e}^{-x^2}$，$f_2(x) = x^2\mathrm{e}^{-x^2}$，$f_3(x) = x\mathrm{e}^{-x^2}$，$f_4(x) = \mathrm{e}^{-x}$ 的图形：

(1) 用不同的颜色和线型绘图，加上适当的图形修饰。

(2) 用 2×2 的子图形区域绘制四条曲线。

解：输入命令：

```
x = linspace (0,3,50);
f1 = exp( - x.^2);
f2 = (x.^2). * exp( - x.^2);
f3 = x. * exp( - x.^2);
f4 = exp( - x);
figure(1);                    %新建一个图形窗口
plot(x,f1,'r - ');            %用红色的实线绘制
hold on;                      %在当前图形上继续绘制下一个图形
plot(x,f2,'b:');              %用蓝色的虚线绘制
hold on;
plot(x,f3,'k - .');           %用黑色点划线绘制
hold on;
plot(x,f4,'m * - -');         %用紫色的虚线及小方形绘制
grid on                       %给图形加上网格
```

```
title('不同颜色线性效果演示');
xlabel(' x 轴');
ylabel(' y 轴')
legend('f1','f2','f3','f4');
figure(2);                      % 新建一个图形窗口,此后的图形在 figure 2 上绘制
subplot(2,2,1),plot(x,f1,'r','linewidth',1);
axis([0 3 0 1])
subplot(2,2,2),plot(x,f2,'b','linewidth',2);
axis([0 3 0 1]);
subplot(2,2,3),plot(x,f3,'c','linewidth',3);
axis([0 3 01])
subplot(2,2,4),plot(x,f4,'bd','markersize',5);
axis([0 3 0 1])
```

运行结果如图 3.6 所示。

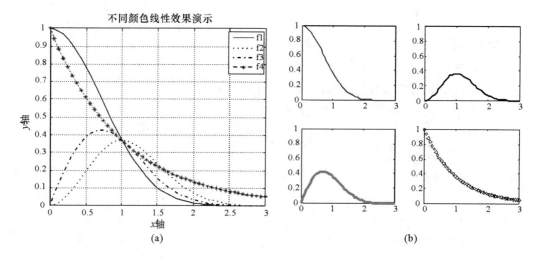

(a)   (b)

图 3.6　函数 $f_1(x)=\mathrm{e}^{-x^2}$, $f_2(x)=x^2\mathrm{e}^{-x^2}$, $f_3(x)=x\mathrm{e}^{-x^2}$, $f_4(x)=\mathrm{e}^{-x}$ 的图形

3.1.5　使用 fplot 函数作图

fplot 函数是对已知函数(或用户已经定义的函数)进行作图. 调用格式为

$$\text{fplot('f\_name',[xmin,xmax])}$$

例 3.1.7　作函数 $y=\sin 2x$ 的图形。

解: 输入命令:

```
fun = 'sin(2 * x)';
```

```
fplot(fun,[0,2 * pi]);
grid
title('sin(2x)');
xlabel('x'),ylabel('y');
```
运行结果如图 3.7 所示。

例 3.1.8　作函数 $y=(x-5)x^{2/3}$ 的图形。

解：定义函数 ch2_6，并存为 ch2_6.m
```
function   y = ch2_6(x)
   y = (x - 5) * (x^2)^(1/3);
```
在命令窗口(Command Window)中输入命令：
```
fplot('ch2_6',[ - 1,4]),
grid on
```
运行结果如图 3.8 所示。

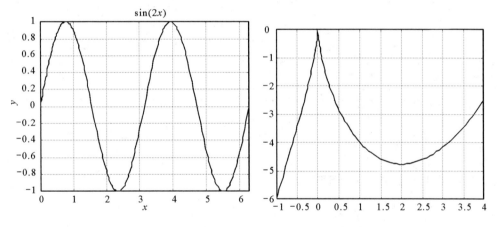

图 3.7　函数 $y=\sin 2x$ 的图形　　　　图 3.8　函数 $y=(x-5)x^{2/3}$ 的图形

3.1.6　参数方程作图

例 3.1.9　作星形线 $\begin{cases} x=2\cos^3 t, \\ y=2\sin^3 t \end{cases}$ $(0 \leqslant t \leqslant 2\pi)$ 的图形。

解：输入命令：
```
t = 0:pi/100:2 * pi;
x = 2 * cos(t).^3;y = 2 * sin(t).^3;
plot(x,y,'r +'), grid
```
运行结果如图 3.9 所示。

例 3.1.10 在同一个窗口中做出由参数方程 $\begin{cases} x = \sin t, \\ y = \cos t \end{cases}$ 与 $\begin{cases} x = 2\sin 2t, \\ y = 3\cos 3t \end{cases}$ $t \in [0, 2\pi]$ 表示的

函数的图形。

解：输入命令：

```
t = 0:pi/100:2 * pi;
x1 = sin(t);y1 = cos(t);
x2 = 2 * sin(2 * t);y2 = 3 * cos(3 * t);
plot(x1,y1,'r',x2,y2), grid
```

运行结果如图 3.10 所示。

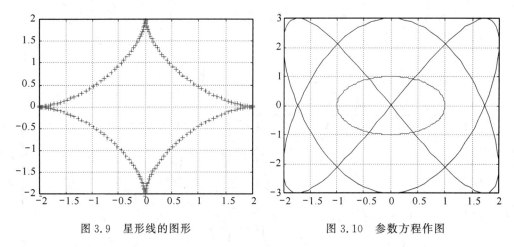

图 3.9　星形线的图形　　　　　　图 3.10　参数方程作图

3.1.7　使用 ezplot 函数作图

ezplot 是二维图形的简单绘图命令，其调用格式如下：

（1）ezplot('f(x)', $[a,b]$)：在区间 $[a,b]$ 中做出函数的图形。

（2）ezplot('f(x,y)', $[a,b,c,d]$)：在矩形区域 $[a,b,c,d]$ 中做出隐函数 $f(x,y)=0$ 的

图形。

（3）ezplot('x(t)','y(t)', $[a,b]$)：在区间 $[a,b]$ 中做出参数方程的图形。

例 3.1.11 用 ezplot 命令做出抛物线 $y = x^2$，星形线 $\begin{cases} x = \cos^3 t, \\ y = \sin^3 t \end{cases}$ $(0 \leqslant t \leqslant 2\pi)$ 及隐

函数 $e^x + \sin xy = 0$ 和 $x^4 + y^4 - 8x^2 - 10y^2 + 16 = 0$ 所表示的函数的图形。

解：输入命令：

```
subplot(2,2,1);
ezplot('x^2',[ - 1,3]);
subplot(2,2,2);
```

```
ezplot('sin(t)^3','cos(t)^3',[0,2 * pi]);
subplot(2,2,3);
ezplot('exp(x) + sin(x * y)',[ - 2,0.5,0,2]);
subplot(2,2,4);
syms x y
f = x^4 + y^4 - 8 * x^2 - 10 * y^2 + 16;
ezplot(f);
```

运行结果如图 3.11 所示。

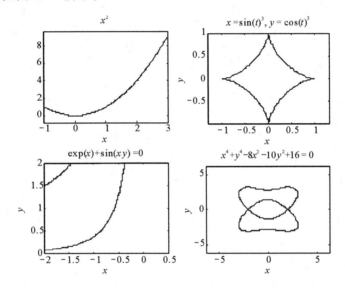

图 3.11 用 ezplot 命令作图

3.1.8 使用 polar 函数作极坐标图

调用格式：polar(theta，rho，options)

其中 theta 表示极坐标中的极角，rho 表示向径，options 为选项，其作用类似于 plot 中 's'.

例 3.1.12 做出四叶玫瑰线 $\rho = \sin\theta\cos\theta, 0 \leqslant \theta \leqslant 2\pi$ 及三叶玫瑰线 $\rho = \sin 3\theta, 0 \leqslant \theta \leqslant 2\pi$ 的图形。

解：输入命令：

```
clear;clc
t = 0:.01:2 * pi;
r1 = sin(2 * t)/2;
subplot(1,2,1);
```

```
polar(t,r1,'r:');
r2 = 5 * cos(3 * t);
subplot(1,2,2);
polar(t,r2);
```

运行结果如图 3.12 所示。

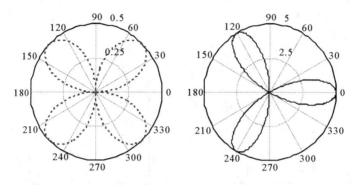

图 3.12   四叶玫瑰线和三叶玫瑰线

例 3.1.13   做出心形线 $\rho = 1 + \sin\theta, \rho = 1 - \cos\theta$ 的图形。

解: 输入命令:

```
clear;clc
t = 0:.01:2 * pi;
r1 = 1 + sin(t);
r2 = 1 - cos(t);
subplot(1,2,1);
polar(t,r1,'ro');
subplot(1,2,2);
polar(t,r2);
```

运行结果如图 3.13 所示。

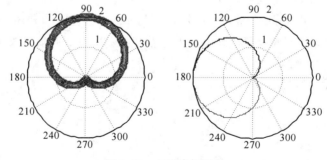

图 3.13   心形线的图形

3.1.9　分段函数作图

例 3.1.14　做出下面分段函数的图形：

$$f(x) = \begin{cases} x^2, & x > 1 \\ 1, & -1 < x \leqslant 1 \\ 3 + 2x, & x \leqslant -1 \end{cases}$$

解：先在 M 文件编辑器窗口内写下下列程序，并保存为 M 文件，放在当前目录文件夹（2010b 版本默认在 bin 文件夹）中。程序编写常见的有三种方法，如下所示：

方法一　输入命令：

```
function y = fenduan1(x)
n = length(x);
for i = 1:n
    if x(i) > 1
        y(i) = x(i)^2;
    elseif x(i) > -1
        y(i) = 1;
    else
        y(i) = 3 + 2 * x(i);
    end
end
```

保存为 M 文件：fenduan1. m。

在命令窗口（Command Window）中输入如下命令：

```
x = -5:0.5:5;
y = fenduan1(x);
plot(x,y,x,y,'r+')
```

方法二　输入命令：

```
function y = fenduan2(x)
y = zeros(size(x));
k1 = find(x > 1);y(k1) = x(k1).^2;
k2 = find(x > -1&x <= 1);y(k2) = 1;
k3 = find(x <= -1);y(k3) = 3 + 2 * x(k3);
```

保存为 M 文件：fenduan2. m,

在命令窗口（Command Window）中输入如下命令：

```
x = -5:0.5:5;
y = fenduan2(x);
plot(x,y,x,y,'r+')
```

方法三　输入命令：

function y = fenduan3(x)

y = (x>1). * x.^2 + (x> -1&x< = 1) + (x< = -1). * (3 + 2 * x);

保存为 M 文件：fenduan3. m,

在命令窗口(Command Window)中输入如下命令：

x = -5:0.5:5;

y = fenduan3(x);

plot(x,y,x,y,'r +')

运行结果如图 3.14 所示。

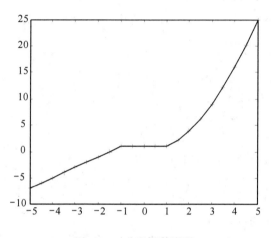

图 3.14　分段函数图形

习 题 3.1

1. 在同一窗口做出函数 $y_1 = \sin x, y_2 = \sin 2x, y_3 = \sin 3x$ 的图形(分别用蓝色 o、绿色 +、红色 * 做曲线)。

2. 多子图绘图：$y_1 = \cos x, y_2 = \cos^2 x, y_3 = \cos^3 x, y_4 = \cos^4 x$(分别用蓝绿色 o、紫红色 +、黄色 *、黑色 - 做曲线)。

3. 参数方程作图：$\begin{cases} x = 3\sin 2t \\ y = 2\cos 3t \end{cases}, t \in [0, 2\pi]$。

4. 使用 ezplot 函数作图：$e^y + \cos xy = 0$。

5. 使用 polar 函数作极坐标图：$\rho_1 = 1 + \cos \theta, \rho_2 = 1 + \cos 2\theta, \theta \in [0, 2\pi]$。

6. 使用分段函数作图：$f(x) = \begin{cases} x^2, 0 \leqslant x \leqslant 1 \\ x, 1 < x \leqslant 2 \\ \dfrac{4}{x}, x > 2 \end{cases}$。

7. 作图：

(1) 高斯曲线：$y = e^{-x^2}$。

(2) 摆线：$x = t - \sin t, y = 1 - \cos t, t \in [0, 2\pi]$。

(3) 螺旋线：$x = \cos t, y = \sin t, z = t, t \in [0, 2\pi]$。

(4) 阿基米德螺线：$\rho = 2\theta, \theta \in [0, 2\pi]$。

3.2　极限与导数

3.2.1　极限

MATLAB 求极限由极限函数 limit 实现，调用格式为

limit(f,x,a)　　　　　求符号表达式 f 当 x-＞a 时的极限。

limit(f, a)　　　　　求符号表达式 f 当 findsym(f)获得的独立变量趋于 a 时的极限。

limit(f)　　　　　　求符号表达式 f 当 findsym(f)获得的独立变量趋于 0 时的极限。

limit(f,x,a,'right')　求符号表达式 f 当 x 趋于 a 时的右极限。

limit(f,x,a,'left')　求符号表达式 f 当 x 趋于 a 时的左极限。

limit(f,x,inf)　　　求符号表达式 f 当 x 趋于无穷时的极限。

注意：(1)求左、右极限时，x，a 不能为默认；(2)无穷用 inf 表示。

例 3.2.1　求极限：$\lim\limits_{x \to 0} \sin \dfrac{1}{x}, \lim\limits_{x \to 0} \dfrac{\sin x}{x}, \lim\limits_{x \to \infty} \left(1 + \dfrac{1}{x}\right)^x$。

解：先作图观察三个函数的变化趋势：

```
clear; clc
x = [-1:0.0001:-0.1,0.01:0.0001:1];
x3 = 10:500;
y1 = sin(1./x);
y2 = sin(x)./x;
y3 = (1+1./x3).^x3;
y4 = 2.71828;
subplot(1,3,1),plot(x,y1);
```

```
subplot(1,3,2),plot(x,y2);
subplot(1,3,3),plot(x3,y3,x3,y4,'r');
```

图形如图 3.15 所示。

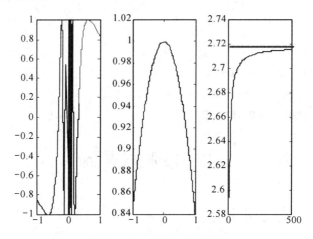

图 3.15　函数的变化趋势图

输入命令：

```
clear; syms x;
limit(sin(1/x),x,0)
limit(sin(x)/x,x,0)
limit((1 + 1/x)^x,x,inf)
```

结果：

```
ans =
        -1 .. 1
ans =
        1
ans =

    exp(1)
```

其中第一个结果表示极限不存在。

例 3.2.2 　求极限：$\lim\limits_{x \to +\infty} \arctan x$。

解：输入命令：

```
limit(atan(x),x,inf)
```

结果：

```
ans =
        1/2 * pi
```

即：$\lim\limits_{x \to +\infty} \arctan x = \dfrac{\pi}{2}$。

例 3.2.3　求极限：$\lim\limits_{x\to0}\dfrac{\sin|x|}{x}$。

解：输入命令：

```
sym x
a = limit(sin(abs(x))/x,x,0,'left');
b = limit(sin(abs(x))/x,x,0,'right');
c = limit(sin(abs(x))/x,x,0);
disp([a,b,c]
```

结果：

```
ans =
```

$$[-1,\,1,\,\mathrm{NaN}]$$

即：$\lim\limits_{x\to0^-}\dfrac{\sin|x|}{x}=-1$，$\lim\limits_{x\to0^+}\dfrac{\sin|x|}{x}=1$，$\lim\limits_{x\to0}\dfrac{\sin|x|}{x}$不存在。

例 3.2.4　求极限：$\lim\limits_{x\to0}\dfrac{(1+x)^{\frac1x}-\mathrm{e}}{x}$。

解：输入命令：

```
syms x
limit(((1 + x)^(1/x) - exp(1))/x,x,0)
```

结果：

```
ans =
        NaN
```

注意，此时并不说明此极限不存在，而是应该先化简，再求极限。

3.2.2　导数

导数是高等数学的一个基本概念。相关的内容有复合函数求导，隐函数求导以及导数的应用极值问题等等，是高等数学中非常重要的一部分内容。MATLAB 的符号运用工具箱中有求导运算功能。在一些较为复杂的导数和微分计算中，利用 MATLAB 可以快速求出结果，并能轻易画出图像，比较原图像和微分图像之间的区别，能更加直观地理解微分的意义。

MATLAB 求导数由函数 diff 实现，调用格式为

diff(f)　　　　求符号表达式 f 对变量 findsym 返回变量的导数。

diff(f,'v')　　　求符号表达式 f 对变量 v 的导数。

diff(f,n)　　　求符号表达式 f 对变量 findsym 返回变量的 n 阶导数。

diff(f,'v',n)　　求符号表达式 f 对变量 v 的 n 阶导数。

注：当对数组使用 diff 命令时，结果是求其一阶差分。

例 3.2.5 求函数 $y = x^2 e^{2x}$ 的一阶和五阶导数并化简,当 $x = 1$ 时,求对应的一阶导数与五阶导数值。

解:输入命令:

```
clear;clc
symsx y
y = x^2 * exp(2 * x);
yx1 = diff(y,x);
yx5 = diff(y,x,5);
yx1_1 = simple(yx1);
yx5_5 = simple(yx5);
yx1,yx1_1,yx5,yx5_5;
x = 1;eval(yx1_1),eval(yx5_5)
```

结果:

```
yx1 =
    2 * x * exp(2 * x) + 2 * x^2 * exp(2 * x)
yx1_1 =
    2 * x * exp(2 * x) * (x + 1)
yx5 =
    160 * exp(2 * x) + 160 * x * exp(2 * x) + 32 * x^2 * exp(2 * x)
ans =
    29.5562
ans =
    2.6009e + 003
```

例 3.2.6 求 $x = (1, 5, 2, 7, 9, 9)$ 的一阶差分。

解:输入命令:

```
x = [1 5 2 7 9 9];
diff(x)
```

结果:

```
ans =
    4    -3    5    2    0
```

3.2.3 极值和最值

MATLAB 求极值和最值的命令调用格式为

$[x, f] = fminbnd(F, a, b)$ 返回一元函数 $y = F(x)$ 在 $[a, b]$ 内的局部极小值点。f 为返回的局部极小值,F 为函数。

$[$ x,f $]$ = fminsearch(F,x0)　　　返回一元函数 y = F(x)在$[$a,b$]$内的局部极小值点。f
　　　　　　　　　　　　　　　　为返回的局部极小值,F 为函数。
$[$ m,k $]$ = min(y)　　　　　　　　m 返回向量的最小值,k 返回对应的编址。
$[$ m,k $]$ = max(y)　　　　　　　　m 返回向量的最大值,k 返回对应的编址。

例 3.2.7　求函数 $y = x\sin(x^2 - x - 1)$ 在区间$[-2,0]$上的极值和最值。

解:Step1. 作图获取初步近似解:

　　　fplot('x * sin(x^2 - x - 1)',$[-2,0]$);grid on)

结果如图 3.16 所示,有三个极值点。

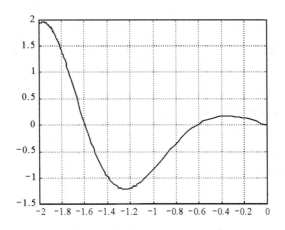

图 3.16　函数 $y = x\sin(x^2 - x - 1)$ 的图形

Step2. 由观察结果设定区间求近似解:

　　　$[$x,f$]$ = fminbnd('x * sin(x^2 - x - 1)',-2,0)

结果:

　　x =

　　　　-1.2455

　　f =

　　　　-1.2138

另解: 输入命令:

　　　ff = inline('x * sin(x^2 - x - 1)','x');
　　　$[$x,f$]$ = fminsearch(ff,-1,2)

结果:

　　x =

　　　　-1.2455

```
    f =
        − 1.2138
```

这样,就得到函数的极小值为 $y=-1.2138$,极小值点为 $x=-1.2455$。

Step3. 求极大值可通过先将函数反号,再求极小值来解决:

```
ff = inline('− x * sin(x^2 − x − 1)','x');
[x,f] = fminbnd(ff, − 2, − 1)
```

结果:

```
    x =
        − 1.9628
    f =
        − 1.9524
```

得到函数的极大值为 $y=-1.9524$,极大值点为 $x=-1.9628$。

再输入命令:

```
ff = inline('− x * sin(x^2 − x − 1)','x');
[x,f] = fminbnd(ff, − 1, 0)
```

结果:

```
    x =
        − 0.3473
    f =
        − 0.1762
```

得到函数的另一个极大值为 $y=-0.1762$,极大值点为 $x=-0.3473$。

Step4. 最值求法:

```
x = [ − 2:0.01:0];
y = x. * sin(x.^2 − x − 1);
[m,k] = min(y)
[m,k] = max(y)
```

结果:

```
    m =
        − 1.2137
    k =
        76
    m =
        1.9522
    k =
        5
```

注:用向量方法求最值有较大误差,可以由求导方法确定最值点。

习　题　3.2

1. 求极限：$\lim\limits_{x\to 1} x^2 (3^{\frac{1}{x}} + 3^{-\frac{1}{x}} - 2)$。

2. 求极限：

(1) $\lim\limits_{x\to 1}\left(\dfrac{1}{x} - \dfrac{1}{e^x - 1}\right)$

(2) $\lim\limits_{x\to\infty}\left(\cos\dfrac{1}{x}\right)^x$

(3) $\lim\limits_{x\to 0}\dfrac{e^x - e^{-x}}{\sin x}$

(4) $\lim\limits_{x\to\infty}\left(\dfrac{1+x}{x}\right)^{2x}$

(5) $\lim\limits_{x\to 0+0} x \cdot \ln\sin x$

(6) $\lim\limits_{x\to\infty}\dfrac{\sin\sqrt{x^2+1} - \sin x}{x}$

(7) $\lim\limits_{x\to 1^-} e^{\frac{1}{x-1}}$

(8) $\lim\limits_{x\to 1^+} e^{\frac{1}{x-1}}$。

3. 求下列函数的各阶导数：

(1) $y = \sin(x^3)$，求 y'；

(2) $y = \arctan(\ln x)$，求 y''。

4. 求导数：

(1) $f(x) = xe^{x^2} + 5x^3 - 1$，求 $f'''(x)$；

(2) $f(x) = \arctan(e^{x^2})$，求 $f''(x)$。

5. 求下列函数在给定范围内的极值点 x_0，并给出极值：

(1) $y = 2x^3 - 6x^2 - 18x + 7$ 在 $(1,2)$ 范围内的极小值；

(2) $y = x + \sqrt{1-x}$ 在 $(0,1)$ 范围内的极大值。

6. 做出下列函数及其导函数的图形，极值点、最值点的位置并求出来，再求出所有驻点及其对应的二阶导函数值，最后求出函数的单调区间：

(1) $f(x) = x^2 \cdot \sin(x^2 - x - 2)$，$[-2,2]$；

(2) $f(x) = 3x^5 - 20x^3 + 10$，$[-3,3]$；

(3) $f(x) = |x^3 - x^2 - x - 2|$，$[-3,3]$。

3.3　一元函数积分

3.3.1　不定积分

MATLAB 中求函数的不定积分的最主要的命令是 int，调用格式为

int(f)　　　　　　　　　对 f 表达式的默认变量求不定积分；

int(f,'x')　　　　　　　对 f 表达式的 x 变量求不定积分。

例 3.3.1 求函数的积分:(1) $\int x\ln(1+x)\mathrm{d}x$;(2) $\int x\sin^2 x\mathrm{d}x$

解:输入命令:

```
clear;clc;
syms x;
f1 = int(x * log(1 + x),x);
f2 = int(x * sin(x)^2, x);
disp([f1,f2]);
```

结果为

$$[\ 1/2 * (x+1)^2 * \log(x+1) + 3/4 + 1/2 * x - 1/4 * x^2 - (x+1) * \log(x+1),$$
$$x * (-1/2 * \cos(x) * \sin(x) + 1/2 * x) + 1/4 * \sin(x)^2 - 1/4 * x^2]$$

int 运算与 diff 运算是一对互逆的运算。

注意:一些初等函数积分不能用初等函数表示,所以不可以积分。如:

$$\frac{\sin x}{x},\frac{1}{\ln x},\mathrm{e}^{-x^2},\frac{\mathrm{e}^x}{x}$$

例 3.3.2 求函数的积分:(1) $\int\frac{\sin x}{x}\mathrm{d}x$;(2) $\int\frac{1}{\ln x}\mathrm{d}x$

解:输入命令:

```
clear,clc;
syms x;
f1 = int(sin(x)/x,x)
f2 = int(1/log(x), x)
```

结果为

```
f1 =

    sinint(x)

f2 =

    Li(x)
```

结果不是初等函数。上述命令中的 f2 = int(1/log(x), x)在 MATLAB 不同版本执行时结果显示形式可能不一致,比如在 MATLAB 7.0 版本运行时,结果为 $-$Ei(1, $-$ log (x))。

3.3.2 定积分

MATLAB 中求函数的符号定积分的最主要的命令有

int(f, a,b)　　　　　　对函数 f 表达式的默认变量在区间[a,b]求定积分。

int(f, 'x',a,b)　　　　对函数 f 表达式的 x 变量在区间[a,b]求定积分。

例 3.3.3　求函数的积分：$y_1 = \int_0^a \cos bx \, \mathrm{d}x$，$y_2 = \int_2^{+\infty} \dfrac{1}{x^2 + 2x - 3} \mathrm{d}x$，$y_3 = \int_0^1 \dfrac{1}{\sin x} \mathrm{d}x$，$y_4 = \int_0^1 \dfrac{\sin x}{x} \mathrm{d}x$。

解：输入命令：

```
clear,clc;
syms x a b;
y1 = int(cos(b * x),x,0,a)
y2 = int(1/(x^2 + 2 * x - 3),x,2,inf)
y3 = int(1/sin(x),x,0,1)
y4 = int(sin(x)/x,x,0,1)
```

结果为

```
y1 = 1/b * sin(b * a)
y2 = 1/4 * log(5)
y3 = Inf
y4 = sinint(1)
```

其中 $y_3 = \int_0^1 \dfrac{1}{\sin x} \mathrm{d}x$ 为瑕积分，结果表明，此瑕积分发散；$y_4 = \int_0^1 \dfrac{\sin x}{x} \mathrm{d}x$ 收敛于 sinint(1)，但不能够表示为初等函数，可以输入 vpa(y4) 得到近似值：

$$\text{ans} = 0.946\,083\,070\,367\,183\,014\,941\,353\,313\,823\,18$$

有时，需要用数值解法求出定积分 $\int_a^b f(x) \mathrm{d}x$ 的值. 常用的数值解法有：矩形法、梯形法、抛物线法。

例 3.3.4　用矩形法求曲线 $y = -x^2 + 115$ 与 $x = 0$、$x = 10$ 及 x 轴所围图形的面积。

解：输入命令：

```
dx = 0.1;
x = 0:dx:10;
y = - x.^2 + 115;
sum(y(1:length(x) - 1)) * dx
```

运行结果为

```
ans =
   821.6500
```

即：$\int_0^{10} (-x^2 + 115) \mathrm{d}x \approx 821.65$。

此外，计算数值积分 MATLAB 还有如下命令：

trapz(x,y)　　　　　梯形积分法求数值积分，x 为积分区间离散化变量，y 为被积函数对应于 x 的离散值。

quad(f,a,b,tol)　　对 f 表达式的默认变量在区间[a,b]求定积分,tol 为积分精度,默认为 1e－3　（抛物线法积分）。

quadl(f,a,b,tol)　　对 f 表达式的默认变量在区间[a,b]求定积分,tol 为积分精度,默认为 1e－6　（NewtonCotes 积分）。

例 3.3.5　分别用 trapz,quad,quadl,int 求定积分 $\int_{2}^{5}\dfrac{\ln x}{x^2}\mathrm{d}x$。

解: 输入命令:

```
clear;clc
syms t;
j4 = int(log(t)/(t^2),t,2,5);          %符号积分,精确值
x = 2:0.1:5;
y = log(x)./(x.^2);
j1 = trapz(x,y);                        %梯形数值积分,近似值
j2 = quad('log(x)./(x.^2)',2,5);        %抛物线数值积分,近似值
j3 = quadl('log(x)./(x.^2)',2,5);       %NewtonCotes 数值积分,近似值
s = [j1;j2;j3;j4];
S = vpa(s,10)                           %以 10 位有效数字方式显示
```

运行结果为

```
S =
    0.3247114953
    0.3246855771
    0.3246856016
    0.3246860078
```

计算结果表明数值积分中,quadl 函数算出的近似结果最接近精确值。

例 3.3.6　计算瑕积分 $\int_{0}^{1}\dfrac{1}{\sqrt{x}\,(1+\cos x)}\mathrm{d}x$。

解: 输入命令:

```
clear;clc
syms x
formatlong
ff = @(x)(1./(1+cos(x))./sqrt(x));
y1 = quadl(ff,1e－5,1);
y2 = quadl(ff,1e－10,1);
y3 = quad(ff,1e－10,1);
```

```
y4 = quadl(ff,0,1);
y5 = vpa(int(1/(1 + cos(x))/sqrt(x),0,1),16);
```

运行结果为

```
y1 =
    1.051971682435839
 y2 =
    1.055123961405538
y3 =
    1.055129000088494
y4 =
    1.055134167548272
y5 =
    1.055133956869226
```

例 3.3.7　计算积分 $\int_{-1}^{1} x^{\frac{1}{3}} \mathrm{d}x$。

解: 输入命令:

```
clear;clc
syms x
format long
t = -1:0.1:1;
y = t.^(1/3);
y1 = trapz(t,y)
ff = @(x)(x.^(1/3));
y2 = quadl(ff,-1,1);
y3 = vpa(int(x^(1/3),-1,1),16);
```

运行结果为

```
y1 =
    1.106106903775610 + 0.638611118647352i
y2 =
    1.124999836303145 + 0.649518958327905i
y3 =
    0.649519052838329 * i + 1.125
```

显然,上述结果是错误的,无论用 trapz 函数、quadl 函数,还是 int 函数。因为 $x^{\frac{1}{3}}$ 为奇函数,积分 $\int_{-1}^{1} x^{\frac{1}{3}} \mathrm{d}x = 0$。为何产生这样的错误呢? 这是由于数值计算的方法造成的。

数值方法通过 $x^{\frac{1}{3}} = \mathrm{e}^{\frac{1}{3}\ln x}$ 计算,而当 $x < 0$ 时,出现复数,数值计算出错!

正确的做法是:

先定义一个名为 **jifen2** 的函数:

```
% jifen2.m 计算定积分
function y = jifen2(x)
    y = x.^(1/3);
    if x<0,y = -(-x).^(1/3);
end
```

然后调用函数 jifen2,计算 $\displaystyle\int_{-1}^{1} x^{\frac{1}{3}} \mathrm{d}x$:

```
clear;clc
y1 = quadl('jifen2',-1,1)
```

结果为

```
y1 = 1.236078113253658e-006 + 7.136540025239692e-007i
```

结果虽然不是零,但已经非常接近,可以近似认为是零。使用数值方法计算,有时简单的问题反而得不到理想的结果,请读者遇到具体问题时具体分析。

习 题 3.3

1. 求不定积分,并用 diff 验证:

(1) $\displaystyle\int \frac{\mathrm{d}x}{1+\mathrm{e}^x}$

(2) $\displaystyle\int \sec^3 x \mathrm{d}x$

(3) $\displaystyle\int \frac{\mathrm{d}x}{1+\cos x}$

(4) $\displaystyle\int x\sin x^2 \mathrm{d}x$

(5) $\displaystyle\int \frac{\sin x\cos x}{1+\sin^4 x}\mathrm{d}x$

(6) $\displaystyle\int \ln(1+x^2)\mathrm{d}x$

2. 求下列定积分:

(1) $\displaystyle\int_1^e \sin(\ln x)\mathrm{d}x$

(2) $\displaystyle\int_0^{\ln 2} \sqrt{\mathrm{e}^x-1}\mathrm{d}x$

(3) $\displaystyle\int_1^e \frac{\mathrm{d}x}{x\sqrt{1-\ln^2 x}}$

(4) $\displaystyle\int_0^{+\infty} x^2 \mathrm{e}^{-2x^2}\mathrm{d}x$

3. 求下列积分的数值解:

(1) $\displaystyle\int_0^{2\pi} \mathrm{e}^{2x}\cos^3 x \mathrm{d}x$

(2) $\displaystyle\int_0^1 \frac{\tan x}{\sqrt{x}}\mathrm{d}x$

(3) $\displaystyle\int_0^1 \frac{\sin x}{\sqrt{1-x^2}}\mathrm{d}x$

(4) $\displaystyle\int_{-\infty}^{+\infty} \frac{\mathrm{e}^{-\frac{x^2}{2}}}{1+x^4}\mathrm{d}x$

$(5) \displaystyle\int_0^1 x^{-x} \mathrm{d}x$ 　　　　　$(6) \displaystyle\int_{-\infty}^{\infty} \frac{1}{\sqrt{2\pi}} \mathrm{e}^{-\frac{1}{2}x^2} \mathrm{d}x$

$(7) \displaystyle\int_0^{\infty} \frac{\sin x}{x} \mathrm{d}x$ 　　　　$(8) \displaystyle\int_1^3 x \cdot \ln(x^4) \cdot \arcsin \frac{1}{x^2} \mathrm{d}x$

3.4　方程与方程组求解

方程与方程组求解是解决实际问题的常用数学方法。仅含有一个未知变量的方程称为单变量方程,记作

$$f(x) = 0 \tag{1}$$

使这一等式成立的值称作方程的解或方程的根,也称为函数 $f(x)$ 的零点。如果 $f(x)$ 是一 n 次多项式,称其为 n 次代数方程。大量实际问题得到的方程常常包含有三角函数、指数函数及对数函数等超越函数,如 $\sin x, \mathrm{e}^x, \ln x$ 等,这种方程称作超越方程。$n(\geqslant 2)$ 次代数方程和超越方程都是非线性方程。除了低于 5 次的代数方程有一般的方法求解外,这些非线性方程很难求出其解析解,甚至于有没有解,有几个解都难以判断。

含有 n 个未知变量的 m 个方程称作方程组,其一般形式为

$$\boldsymbol{F}(\boldsymbol{x}) = \boldsymbol{0} \tag{2}$$

其中,$\boldsymbol{x} = (x_1, x_2, \cdots, x_n)^T$ 是 n 个未知变量组成的向量,$\boldsymbol{F}(\boldsymbol{x}) = (f_1(\boldsymbol{x}), f_2(\boldsymbol{x}), \cdots, f_m(\boldsymbol{x}))$ 为一向量值函数,当 $f_1(\boldsymbol{x}), f_2(\boldsymbol{x}), \cdots, f_m(\boldsymbol{x})$ 中至少有一个是非线性函数时,称该方程组为非线性方程组。实际应用中,大多数情况下,方程组中所包含的方程个数等于未知变量的个数。

由于求方程或方程组的解析解十分困难,人们着重于研究其数值解法,这种方法通常称为迭代法。本节不对方程与方程组的具体解法进行讨论,着重介绍如何使用 MATLAB 命令求取方程与方程组的符号解和数值解。

3.4.1　方程与方程组的符号解

在 MATLAB 中,使用 solve 命令求取方程或方程组的符号解或精确解。其一般的调用格式为:

x = solve(fun,'x') 　　　返回一元函数方程 fun 的所有符号解或精确解。其中,fun 为一元函数方程的符号表达式或字符表达式,x 为求解变量。

[x,y] = solve(fun1,fun2,'x','y') 　返回函数 fun1,fun2 组成的方程组所有符号解或精确解。其中,fun1,fun2 为函数方程的符号表达式或字符表达式,x,y 为求解变量。

例 3.4.1 求一元三次方程 $x^3+x^2-5x-2=0$ 的精确解。

解：输入命令：

    clear,clc
    syms x;
    f = x^3 + x^2 − 5 * x − 2;
    y = solve(f,'x')

或输入命令

    clear,clc
    f = 'x^3 + x^2 − 5 * x − 2';
    y = solve(f,'x')

结果为

    y =
              2
    1/2 * 5^(1/2) − 3/2
     − 3/2 − 1/2 * 5^(1/2)

例 3.4.2 求一元二次方程 $ax^2+bx+c=0$ 的解。

解：输入命令：

    clear,clc
    f = sym('a * x^2 + b * x + c = 0');
    y = solve(f,'x')

或输入命令

    clear,clc
    y = solve('a * x^2 + b * x + c = 0','x')

结果为

    y =
        1/2/a * (− b + (b^2 − 4 * a * c)^(1/2))
        1/2/a * (− b − (b^2 − 4 * a * c)^(1/2))

例 3.4.3 求解方程组 $\begin{cases} x+y=a, \\ x^2-2y^2=b. \end{cases}$

解：输入命令

    clear,clc
    f1 = 'x + y = a';
    f2 = 'x^2 − 2 * y^2 = b';
    [x,y] = solve(f1,f2,'x','y')

结果为

```
x =
    2 * a - (2 * a^2 - b)^(1/2)
    2 * a + (2 * a^2 - b)^(1/2)
y =
    -a + (2 * a^2 - b)^(1/2)
    -a - (2 * a^2 - b)^(1/2)
```

3.4.2　方程与方程组的数值解

MATLAB 提供了两个常用于求解非线性方程与方程组数值解的命令 fzero 和 fsolve。fzero 用于求解单变量方程，而 fsolve 则用于非线性方程组的求解，也可以求解单变量方程，但效果一般不如 fzero。它们较常见的调用格式为

x = fzero(@fun,x0)　　　　返回一元函数 fun 在自变量 x0 附近的一个零点。其中，@fun 为函数字符表达式或函数局柄，x0 为自变量 x 的迭代初始值。

x = fzero(@fun,[a,b])　　　返回一元函数 fun 在在区间[a,b]中的一个零点。其中，@fun 为函数字符表达式或函数局柄，要求函数 @fun 在区间两端点处异号。

[x,y,h] = fsolve(@fun,x0)　x 为返回一元函数或多元函数 fun 在 x0 附近的一个零点，y 为对应的函数值，h 为近返回的示性指标，其值大于零时结果可靠，否则不可靠。@fun 为函数字符表达式或函数局柄，x0 为自变量 x 的迭代初始值。

例 3.4.4　求解超越方程 $3\sin(x^2) - 2.5\ln(x) = 0$。

解：(1) 做出 $y = 3\sin(x^2) - 2.5\ln(x)$ 函数图像，确定迭代初值。输入命令

```
clear,clc
x = 0.1:0.01:4;
y = 3 * sin(x.^2) - 2.5 * log(x);
plot(x,y);
grid on
```

结果如图 3.17 所示。观察可发现方程分别在 x=1.7，x=2.6 和 x=2.9 附近有三个解，这里取迭代初值 x=1.7 求出方程的一个近似解，另外两个请读者自行求解。

(2) 求方程的一个近似解。输入命令

```
clear,clc
f = inline('3 * sin(x.^2) - 2.5 * log(x)');        %内联函数
x1 = fzero(f,1.7)
x2 = fzero(f,[1.5,2])
```

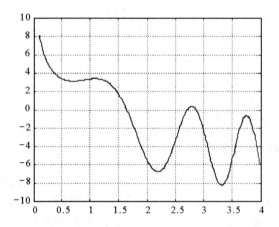

图 3.17　函数 $y=3\sin(x^2)-2.5\ln(x)$ 的示意图

```
[x3,y,h] = fsolve(f,1.7)
x = fzero('3 * sin(x.^2) - 2.5 * log(x)',[1.5,2])
[x5,y,h] = fsolve('3 * sin(x.^2) - 2.5 * log(x)',1.7)
```

结果为

```
x1  = 1.6470
x2  = 1.6470
x3  = 1.6470
y  = - 8.2197e - 011
h = 1
x4  = 1.6470
x5  = 1.6470
y  = - 8.2197e - 011
h = 1
```

从结果可知，由 fzero 和 fsolve 均得到了方程相同的近似解 $x=1.6470$。特别对应的函数值为 $y=-8.2197e-011$ 非常接近于零，且 $h=1$ 大于零，说明所求得的近似解是可靠的。

说明　(1) 对于单变量方程求解，fzero 和 fsolve 调用中的函数可以是字符串表达式或一元函数句柄。

(2) fzero 实际上求得的不一定是函数的零点，而只是函数值发生符号改变的点，对于连续函数，这个点就是近似的零点；但对不连续的函数可能只是一个间断点，例如，输入命令：

$$\text{fzero}(@\tan,[1,2])$$

得到函数 $\tan(x)$ 的近似间断点 1.5708，即 $\pi/2$。如果函数在零点附近不变号，这时不能用 fzero 求解，可用 fsolve 命令求解。

（3）用 fzero 和 fsolve 求解单变量方程的步骤为先画出函数的图像，观察出函数零点的大致位置，从而得到初始迭代值或求解区间，再使用命令求解方程。

例 3.4.5 求解方程组 $\begin{cases} x^2 - y = 3 \\ y^3 - \ln x = 0 \end{cases}$。

解：（1）做出隐函数 $x^2 - y = 3$ 与隐函数 $y^3 - \ln x = 0$ 的图像，得到它们交点的大致位置，从而确定出求解方程组的迭代初始值。输入命令

```
clear,clc
ezplot('x^2 - y - 3',[0,6, -3,6])
hold on
ezplot('y^3 - log(x) ',[0,6, -3,6])
grid on
```

结果如图 3.18 所示。观察可知唯一的交点在（2,1）附近，因此，取（2,1）作为求解方程组的迭代初值。

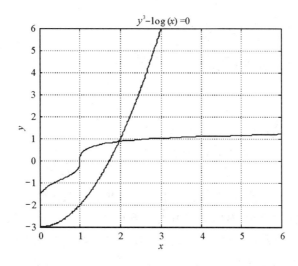

图 3.18 方程组的函数图形

（2）建立函数子程序并保存为 fun. m 以备求解方程组时调用。输入命令

```
function y = fun(x)
y(1) = x(1)^2 - x(2) - 3;   % 变量 x(1), x(2)分别对应方程组中自变量 x,y
y(2) = x(2)^3 - log(x(1)); % 变量 y(1), y(2)在迭代更新中的函数值
end
```

（3）求解方程组。输入命令：

```
clear,clc
```

```
x0 = [2,1];                          % 迭代初始值
[x,y,h] = fsolve(@fun,x0)
```

结果为

```
x = 1.9694    0.8784
y = 1.0e - 006 *
    0.0050    0.1824
h = 1
```

由上述结果可得原方程组的近似解为(1.9694,0.8784),对应的函数值为

$$y = 1.0e-006 * (0.0050, 0.1824)$$

非常接近于零,且 h = 1 大于零,说明结果可靠。

例 3.4.6 求解方程组 $\begin{cases} x^2 + y^2 = 4 \\ x^2 - y^2 = 1 \end{cases}$,初始点为 $x0 = (2,2)$。

解: 输入命令:

```
clear,clc
fun = inline('[x(1)^2 + x(2)^2 - 4,x(1)^2 - x(2)^2 - 1]','x');   % 内联函数
x0 = [2,2];                                                      % 迭代初始值
[x,y,h] = fsolve(fun,x0)
```

结果为

```
x = 1.5811    1.2247
y = 1.0e - 009 *
    0.7477    - 0.7474
h = 1
```

说明:(1) 解方程组需要定义函数,可以是外部定义的函数或内部的内联函数。外部函数引用函数句柄'@fun',内部函数引用函数句柄为'fun'。多变量函数的变量在函数中是以向量表示的,应表示为 x(1),x(2),…的形式。如果函数关系不复杂使用内部函数更为简便。除了内部的内联函数外,还可按匿名函数方式定义内部函数并引用,它的一般调用格式在第1.7节已经给出。例3.4.6中的函数若采用匿名函数形式,具体命令如下:

```
clear,clc
fun = @(x)[x(1)^2 + x(2)^2 - 4,x(1)^2 - x(2)^2 - 1];   % 内部函数
x0 = [2,2];                                            % 迭代初始值
[x,y,h] = fsolve(fun,x0)
```

(2) 涉及多项式方程和线性方程组求解的问题在第2章线性代数实验章节已经详细介绍,这里不再赘述。

习　题　3.4

1. 解下列方程与方程组。

(1) $5^x + 5^{x-1} = 750$　　　　　　(2) $\sqrt{x+4} + \sqrt{x+11} = 7$

(3) $\begin{cases} \dfrac{y}{x+1} + \dfrac{x}{y} + \dfrac{1}{y} = \dfrac{5}{2} \\ x^2 + y = 1 \end{cases}$　　　(4) $\begin{cases} ax + by = 2 + a \\ 3ax - 4by = 3b \end{cases}$

2. 在指定区间上求下列方程的根。

(1) $xe^x - 2x^2 + 5 = 0$，$-2 \leqslant x \leqslant 2$，

(2) $x\ln(\sqrt{x^2-1} + x) = \sqrt{x^2-1} + \dfrac{1}{2}x$，$x > 1$。

3. 求下列方程的数值解。

(1) $\cos x = \dfrac{1}{2}x$　　　　　　(2) $\sin 3x = \ln(x+1)$

4. 求方程组 $\begin{cases} x^2 - y^3 = 1 \\ y - e^{-2x} = 0 \end{cases}$ 的数值解。

3.5　无　穷　级　数

无穷级数是表示函数、研究函数性质以及进行数值计算的重要工具。本节主要介绍如何使用 MATLAB 命令研究级数的敛散性、常数项级数及幂级数的求和等问题，同时还要介绍函数展开为泰勒级数的 MATLAB 命令。

3.5.1　常数项级数

关于常数项级数的敛散性问题，部分级数可以借助于高等数学知识并利用 MAT-LAB 求极限的命令进行判别。此外 MATLAB 提供了一个级数求和的命令 symsum，它既可以用于求级数部分和与级数和，也可用于判断级数的敛散性。其常用的调用格式为

　　s = symsum(expr, v,a,b)　　返回级数的和。expr 为级数的通项表达式，v 是求和变量，a，b 是求和的上、下限，b 可以是有限数，也可以取无穷大 inf

例 3.5.1　讨论下列级数的敛散性。

(1) $\displaystyle\sum_{n=1}^{\infty} \dfrac{1}{n^2}$　　　　　　(2) $\displaystyle\sum_{n=1}^{\infty} \dfrac{n+1}{n^2+n}$

解:(1) 输入命令

```
syms n
s1 = symsum(1/n/n,n,1,inf)
```

结果为

```
s1 = 1/6 * pi^2
```

(2) 输入命令

```
syms n
s2 = symsum((n + 1)/(n^2 + n),n,1,inf)
```

结果为

```
S2 = Inf
```

所以,第一个级数收敛,其和等于 $\dfrac{\pi^2}{6}$;第二个级数求和结果为无穷大,级数发散。

说明:若用 MATLAB 求和命令 symsum 能求出级数的和为一有限数,则可判别级数是收敛的;若求出级数为无穷大,则可判别级数是发散的。但 MATLAB 不是对所有收敛的级数都能求和,如阶乘算子级数,像 $\sum\limits_{n=1}^{\infty} \dfrac{1}{n!}$ 就不能直接求出其和。还有一些含有三角函数或对数函数的级数,MATLAB 有时也无法求出,这时并不一定发散。

例 3.5.2 求下列级数的部分和

$$(1) \sum_{n=1}^{70} \frac{3x}{n^2 + 5n + 6} \qquad (2) \sum_{k=1}^{n} (-1)^k \cos(k+1) \qquad (3) \sum_{n=1}^{15} \frac{(-1)^n n^2}{3^n}$$

解:(1) 输入命令

```
syms n x
s1 = symsum(3/(n^2 + 5 * n + 6) * x,n,1,70)
```

结果为

```
s1 = 70/73 * x
```

(2) 输入命令

```
syms n k
s2 = symsum((-1)^k * cos(k + 1),k,1,n)
```

结果为

```
s2 =
    - (exp(2 * i) - (-1)^n * exp(i) * exp(n * i + i))/(2 * (exp(i) + 1)) - 1/
(2 * exp(i) * (exp(i) + 1)) - (-1)^(n + 1)/(2 * exp(n * i + i) * (exp(i) + 1))
```

(3) 输入命令

```
syms n
s3 = symsum((-1)^n * n^2/3^n,n,1,15)
```

结果为

```
s3 = - 448424/4782969
```

例 3.5.3 画图观察级数 $\sum\limits_{n=1}^{\infty}\dfrac{(-1)^{n-1}}{n}$ 的部分和的变化趋势,讨论其是否收敛,如果收敛,是绝对收敛还是条件收敛?

解:(1) 画级数 $\sum\limits_{n=1}^{\infty}\dfrac{(-1)^{n-1}}{n}$ 的部分和的变化趋势图,输入命令:

```
clear,clc
syms n k
for k = 1:200
        x(k) = k;
        y(k) = double(symsum((-1)^(n-1)/n,n,1,k));
end
plot(x,y)
grid on
```

结果如图 3.19 所示。从其部分和的变化趋势大致判断级数是收敛的。

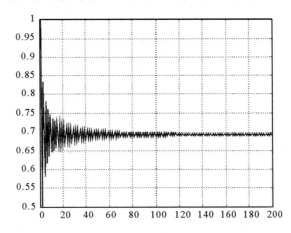

图 3.19 级数部分和的变化趋势图

(2) 判别级数是绝对收敛还是条件收敛,输入命令

```
syms n
s1 = symsum((-1)^(n-1)/n,n,1,inf)
s2 = symsum(1/n,n,1,inf)
```

结果为

```
s1 = log(2)
s2 = Inf
```

由前述结果得级数是条件收敛的,而非绝对收敛。

3.5.2 幂级数

幂级数的收敛半径和收敛域可采用 MATLAB 求极限的命令求取,而幂级数的和函数则可通过前面级数求和的命令 symsum 求得。

例 3.5.4 求下列幂级数的收敛半径、收敛域及和函数。

$$(1) \sum_{n=1}^{\infty} \frac{x^n}{n \cdot (n+1)} \qquad\qquad (2) \sum_{n=1}^{\infty} \frac{(-1)^n x^n}{n \cdot 3^n}$$

解:(1) 输入命令:

```
syms n x
r1 = limit((1/(n*(n+1)))/(1/((n+1)*(n+2))),n,inf)
s1 = symsum(1/n/(n+1)*x^n,n,1,inf)
```

结果为

```
r1 = 1
s1 = 1-(x-1)/x*log(1-x)
```

输入命令

```
syms n
s11 = symsum(1/n/(n+1),n,1,inf)
s12 = symsum((-1)^n/n/(n+1),n,1,inf)
```

结果为

```
s11 = 1
s12 = 1-2*log(2)
```

所以,(1)的收敛半径为 1,收敛域为 $[-1,1]$,和函数为

$$s(x) = \begin{cases} 1 - \left(1 - \dfrac{1}{x}\right)\ln(1-x), & -1 \leqslant x < 1 \\ 1, & x = 1 \end{cases}$$

(2) 输入命令

```
syms n x
r2 = limit((1/(n*3^n))/(1/((n+1)*3^(n+1))),n,inf)
s2 = symsum((-1)^n/(n*3^n)*x^n,n,1,inf)
```

结果为

```
r2 = 3
s2 = -log(1+1/3*x)
```

输入命令

```
syms n
```

```
s21 = symsum((-1)^n * 3^n/(n * 3^n),n,1,inf)
s22 = symsum((-1)^n * (-3)^n/(n * 3^n),n,1,inf)
```

结果为

```
s21 = -log(2)
s22 = Inf
```

所以，(2)的收敛半径为 3，收敛域为 $(-3,3]$，和函数为

$$s(x) = -\ln\left(1 + \frac{1}{3}x\right), -3 < x \leqslant 3$$

例 3.5.6　圆周率是人类获得的最为古老的数学概念之一，早在在约 3700 年前（即公元前 1700 年左右）的古埃及人就已经在用 256/81（约 3.1605）作为 π 的近似值了。几千年来，人们一直没有停止过求 π 的努力。阿基米德曾用圆内接 96 边形和圆外切 96 边形夹逼的方法证明了 $223/71 < \pi < 22/7$。在我国宋朝时，我们的祖先祖冲之就给出了约率 22/7 和密率 355/113，并指出 π 应介于 3.141 592 6 与 3.141 592 7 之间，比西方得到同样的结果几乎早了 1000 年。17 世纪中叶起，由于微积分的诞生，人们开始用更先进的分析方法求 π 的近似值，应用的主要工具之一就是无穷级数。由高等数学可知

$$\arctan x = x - \frac{x^3}{3} + \frac{x^5}{5} - \cdots = \sum_{n=1}^{\infty} (-1)^{n-1} \frac{x^{2n-1}}{2n-1}$$

当 x=1 时，有

$$\frac{\pi}{4} = 1 - \frac{1}{3} + \frac{1}{5} - \cdots = \sum_{n=1}^{\infty} (-1)^{n-1} \frac{1}{2n-1}$$

另外不难证明

$$\arctan 1 = \arctan \frac{1}{2} + \arctan \frac{1}{3}$$

于是，又有

$$\frac{\pi}{4} = \sum_{n=1}^{\infty} (-1)^{n-1} \frac{1}{(2n-1) \cdot 2^{2n-1}} + \sum_{n=1}^{\infty} (-1)^{n-1} \frac{1}{(2n-1) \cdot 3^{2n-1}}$$

请利用上述两个关于 π 的计算公式求出 π 的近似值，并比较这两个公式的优劣。

解：建立求 π 的近似值的函数，输入命令：

```
function ypi = qiupi(m,l)
syms n
k = m;
ypi1 = vpa(4 * symsum((-1)^(n-1)/(2 * n-1),n,1,k),l);
ypi2 = vpa(4 * symsum((-1)^(n-1)/(2 * n-1)/2^(2 * n-1),n,1,k) + 4 * ...
symsum((-1)^(n-1)/(2 * n-1)/3^(2 * n-1),n,1,k),l);
ypi = [ypi1,ypi2];
end
```

取级数和项数 $n=3,10,20,40$，计算 π 的近似值。输入命令

```
qiupi(3,15)
qiupi(10,15)
qiupi(20,15)
qiupi(40,20)
```

结果是第一个公式计算得到的 π 的近似值依次为 3. 466 666 666 666 67，3.041 839 618 929 40，3.091 623 806 667 84，3.116 596 556 793 832 317 8。第二公式得到的 π 的近似值则依次为 3. 145 576 131 687 24，3. 141 592 579 606 35，3. 141 592 653 589 76，3. 141 592 653 589 793 238 5。由此可知，第一个公式用于计算 π 的近似值收敛速度太慢，效果不佳。第二公式取前三项求和就达到了 2 位小数的近似精度，取前 10 项和时，达到了 9 位小数的近似精度，而取前 40 项和时，则达到了 18 位小数的近似精度。所以，第二公式计算 π 的近似值收敛速度快，效果好，优于第一公式。

为了建立收敛速度更快，效果更佳的计算 π 的近似值的公式，科学家们做了长期的研究和探索工作。从 $\arctan x$ 的幂级数展开式不难得知只要 $|x|$ 取得越小于 1，则收敛速度就越快。基于这一思路，麦琴（Machin）给出了如下计算 π 的近似值的公式

$$\frac{\pi}{4}=4\arctan\frac{1}{5}-\arctan\frac{1}{239}$$

他利用此公式求得 π 前 100 位小数都是正确的，这一公式称为 Machin 公式。

3.5.3 函数展开成泰勒级数

在微积分中，若函数 $f(x)$ 在 x_0 的某邻域内有任意阶导数，且满足一定的条件，则 $f(x)$ 可展开为 $x=x_0$ 处的泰勒级数

$$f(x) = f(x_0) + f'(x_0)(x-x_0) + \cdots + \frac{f^{(n)}(x_0)}{n!}(x-x_0)^n + \cdots$$

即 $f(x) = \sum_{n=0}^{\infty} \frac{f^{(n)}(x_0)}{n!}(x-x_0)^n$

当 $x_0=0$ 时，称为麦克劳林级数。MATLAB 实现了在 $x=x_0$ 处将函数 $f(x)$ 展开为泰勒级数的方法，其调用的命令及常用格式为

y = taylor(f,n,x,x0)　　返回 f 在 x = x0 处展开的 n-1 阶泰勒多项式

例 3.5.7 将函数 $f(x)=x^3-2x^2+5x-3$ 在 $x=2$ 处展开为 3 阶泰勒多项式。

解：输入命令

```
syms x
y = taylor(x^3 - 2 * x^2 + 5 * x - 3,4,x,2)
```

结果为

```
y = -11 + 9 * x + 4 * (x - 2)^2 + (x - 2)^3
```

例 3.5.8 将函数 $f(x) = (x-2)\cos x$ 展开为 $0,1,2,3,4,5$ 阶麦克劳林多项式,研究它们逼近原函数的程度。

解:输入命令:

```
clear,clc,syms x
f = (x-2) * cos(x);
y1 = taylor(f,1)
y2 = taylor(f,2)
y3 = taylor(f,3)
y4 = taylor(f,4)
y5 = taylor(f,5)
y6 = taylor(f,6)
```

结果为

```
y1 = -2
y2 = x - 2
y3 = -2 + x + x^2
y4 = -2 + x + x^2 - 1/2 * x^3
y5 = -2 + x + x^2 - 1/2 * x^3 - 1/12 * x^4
y6 = -2 + x + x^2 - 1/2 * x^3 - 1/12 * x^4 + 1/24 * x^5
```

为了观察它们逼近原函数的程度,在同一坐标系中做出 $f(x) = (x-2)\cos x$ 和其 $1,$ $3,5$ 阶的泰勒展开多项式

$$y2 = x - 2, \quad y4 = -2 + x + x^2 - \frac{1}{2}x^3 - \frac{1}{12}x^4$$

$$y6 = -2 + x + x^2 - \frac{1}{2}x^3 - \frac{1}{12}x^4 + \frac{1}{24}x^5$$

输入命令:

```
clear,clc ,syms x
f = (x-2) * cos(x); y2 = taylor(f,2);
y4 = taylor(f,4); y6 = taylor(f,6);
x = -4:0.1:4;
yx = subs(f,x);yx2 = subs(y2,x);
yx4 = subs(y4,x);yx6 = subs(y6,x);
plot(x,yx,x,yx2,':',x,yx4,' * ',x,yx6,'o')
```

运行结果如图 3.20 所示,实线为 $f(x) = (x+1)\cos x$ 的图形。观察可知,泰勒展开多项式阶数越高逼近程度越好。还可以通过计算得到他们的逼近程度,例如,在 $x=1$ 处计算 $y,y2,y4,y6$ 的值,输入命令:

```
clear, clc
x = 1; y = (x - 2) * cos(x)
y2 = x - 2, y4 = - 2 + x + x^2 - 1/2 * x^3 - 1/12 * x^4
y6 = - 2 + x + x^2 - 1/2 * x^3 - 1/12 * x^4 + 1/24 * x^5
```

结果为

```
y  =   - 0.5403
y2 =   - 1
y4 =   - 0.5833
y6 =   - 0.5417
```

说明:MATLAB 除了提供函数泰勒级数展开的 taylor 命令外,还提供了一个用于函数泰勒级数展开的可视化分析工具 taylortool,界面相当人性化,易于操作。使用时只需要在 MATLAB 的命令窗口运行 taylortool 命令,将弹出如图 3.21 的泰勒级数逼近的分析界面。例如,针对例 3.5.8,在函数窗口中输入函数 $(x-2) * \cos(x)$ 并按 Enter 键,在默认情况下函数 $f(x)$ 被展开成区间为 $(-2\pi, 2\pi)$ 的 7 阶麦克劳林多项式,并在图形窗口中显示其逼近的情况。如果要改变展开点、展开阶数以及观察区间,只需在相应区间输入所需参数再在函数窗口按 Enter 键。

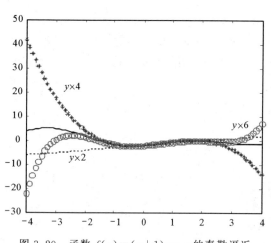
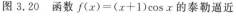

图 3.20   函数 $f(x)=(x+1)\cos x$ 的泰勒逼近

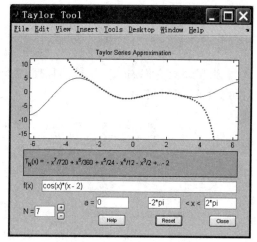

图 3.21   taylortool 界面

习　题　3.5

1. 判断下列级数的敛散性,若收敛,且为非正项级数,则指出其是条件收敛还是绝对收敛。

(1) $\sum\limits_{n=1}^{+\infty} (\sqrt{n+1} - \sqrt{n})$

(2) $\sum\limits_{n=1}^{+\infty} \dfrac{3}{(n+1)(n+2)}$

$(3) \sum\limits_{n=1}^{+\infty} (-1)^{n-1} n \left(\dfrac{2}{3}\right)^{n-1}$ 　　　　　$(4) \sum\limits_{n=1}^{+\infty} (-1)^{n-1} \dfrac{1}{n-\ln n}$

2. 先画图观察下列级数的敛散性,再用 MATLAB 命令判别其敛散性,如果收敛,求出其值。

$(1) \sum\limits_{n=1}^{\infty} \dfrac{\ln n}{n^3}$ 　　　　　$(2) \sum\limits_{n=2}^{\infty} \dfrac{1}{n\ln n}$

$(3) \sum\limits_{n=1}^{\infty} \dfrac{(-1)^n n}{n^2+1}$

3. 求下列幂级数的和。

$(1) \sum\limits_{n=1}^{+\infty} \dfrac{(-1)^{n-1}}{n} x^n$ 　　　　　$(2) \sum\limits_{n=1}^{\infty} \dfrac{1}{n(n+1)} x^{n+1}$

$(3) \sum\limits_{n=1}^{\infty} (-1)^n (n-1) x^{n+1}$

4. 利用下列两个关于 π 的计算公式求出 π 的近似值,并比较这两个公式的优劣。

$$\dfrac{\pi}{4} = 2\arctan \dfrac{1}{3} + \arctan \dfrac{1}{7}$$

$$\dfrac{\pi}{4} = \arctan \dfrac{1}{2} + \arctan \dfrac{1}{5} + \arctan \dfrac{1}{8}$$

5. 将下列函数按 $n=1,2,3,4,5,6$ 展开为麦克劳林多项式,然后再在同一坐标系里做出原函数及其各阶麦克劳林多项式的图形,观测这些多项式函数图形逼近原函数的情况。

$(1) \arcsin x$ 　　　　　$(2) \ln(x+\sqrt{1+x^2})$

$(3) \sin^2 x$ 　　　　　$(4) (1+x)\ln(1+x)$

第4章 多元微积分实验

本章主要介绍使用 MATLAB 软件进行三维绘图以及多元函数微分、多元函数积分和常微分方程求解等。

4.1 三 维 绘 图

MATLAB 绘制三维图的命令非常丰富,这里介绍最基本、最常用的三维绘图命令:三维曲面和三维曲线绘图。

4.1.1 网格曲面

曲面的一般方程是 $F(x,y,z)=0$,使用 MATLAB 软件绘制三维曲面图,需要在绘制之前对数据进行处理,得到三维曲面上点的坐标组,再把相邻的数据点连接起来形成网格曲面,MATLAB 定义了一个网格曲面绘制函数 mesh,具体步骤如下:

(1) 生成坐标:$[X,Y]=$meshgrid(x,y),在 xy 平面上定义一个矩形区域 $[a,b]\times[c,d]$,将其用平行于坐标轴的直线化成网络矩阵。

(2) 求函数值矩阵:计算 $Z=f(X,Y)$,Z 为网络点处对应的函数矩阵。

(3) 用函数 mesh(X,Y,Z)绘制曲面,其中(X,Y,Z)是通过(1)(2)生成的三维空间的网格点。

例 4.1.1 用 mesh 命令绘制出函数 $z=\dfrac{\sin\sqrt{x^2+y^2}}{\sqrt{x^2+y^2}}$ 的图形,其中区域 D 为 $(x,y)\in[-9,9]\times[-9,9]$。

解:MATLAB 命令如下:

```
clear
[x,y] = meshgrid( -9:0.3:9);
z = sin(sqrt(x.^2 + y.^2))./( sqrt(x.^2 + y.^2) + eps);
mesh(x,y,z)
```

运行结果如图 4.1 所示。

例 4.1.2 上例中的区域 D 改为 $D:x^2+y^2\leqslant9$,求曲面图形。

解:MATLAB 命令如下:

```
clear
r = 0:0.1:9;t = 0:pi/50:2 * pi;
```

```
[R,T] = meshgrid(r,t);
x = R. * cos(T);y = R. * sin(T);
z = sin(sqrt(x.^2 + y.^2))./( sqrt(x.^2 + y.^2) + eps);
mesh(x,y,z)
```

运行结果如图 4.2 所示。

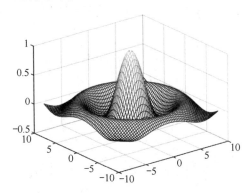

图 4.1　曲面网格图　　　　　　图 4.2　圆形区域内的曲面网格图

思考:这里的 eps 是什么? 其作用是什么?

将上述命令最后一行改为 meshc(x,y,z),则可以得到附带有等高线的网格曲面。

4.1.2　表面曲面

用 surf 函数可以画出着色的三维表面曲面图。

例 4.1.3　绘制在 xOy 面上的椭圆$\dfrac{x^2}{a^2}+\dfrac{y^2}{b^2}=1$ 绕 y 轴旋转,所得椭球面的图形。

解:MATLAB 命令如下:

```
clear
a = 4;b = 3;
t = - b:b/10:b;
[x,y,z] = cylinder(a * sqrt(1 - t..^2/b^2),30);
surf (x,y,z)
```

运行结果如图 4.3 所示。

上述程序中利用了[x,y,z]=cylinder(r,n) 函数,该函数表示画出一个半径为 r、高度为 1 的圆柱体的 x,y,z 轴的坐标值,圆柱体沿其周长有 n 个等距分布的点。

类似于绘制平面曲线图时的 ezplot,绘制空间曲面图时也有简易绘图命令 ezmesh 和 ezsurf,两者用法相同。用这两个命令绘制空间图时,不用在投影平面上分隔取点,函数表达式不用数组算法符号(点运算)。下面介绍 ezmesh 的两种常用格式:

格式 1:ezmesh('$f(x,y)$',[a,b,c,d])　　%$z=f(x,y),a<x<b,c<y<d$

当 $[a,b,c,d]$ 缺少时,默认 $-2\pi<x,y<2\pi$,当 $[a,b,c,d]$ 缺少 c,d 时,默认 $a<x,y<b$。

格式 2:ezmesh('$x(s,t)$', '$y(s,t)$', '$z(s,t)$', $[a,b,c,d]$)

　　　　%$x=x(s,t),y=y(s,t),z=z(s,t)a<s<b,c<t<d$

当 $[a,b,c,d]$ 缺少时,默认 $-2\pi<s,t<2\pi$,当 $[a,b,c,d]$ 缺少 c,d 时,默认 $a<s,t<b$。

利用 ezmesh 函数重新绘制例 4.1.1 中的图形,使用起来极为方便,在命令窗口中输入:

　　　ezmesh('sin(sqrt(x^2+y^2))/(sqrt(x^2+y^2)+eps)',[−9,9])

运行结果如图 4.4 所示。

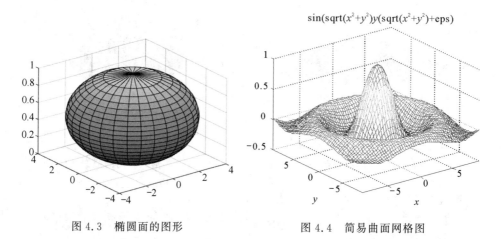

图 4.3　椭圆面的图形　　　　　　　图 4.4　简易曲面网格图

4.1.3　三维曲线

　　和绘制平面图中的命令 plot 类似,三维数据绘图命令 plot3 也是根据大量离散数据点绘制的。区别在于 plot 是根据平面上的二维数据点绘图,plot3 是根据空间中的三维数据点绘图。plot3 的使用格式如下:

　　　　　　　plot3(x1,y1,z1,'s1',x2,y2,z2,'s2',...)

式中,s1,s2 是标记线型特征。

　　用 plot3 函数可以画出参数方程

$$\begin{cases} x=x(t) \\ y=y(t), \quad t\in[\alpha,\beta] \\ z=z(t) \end{cases}$$

对应的空间曲线图形。

　　例 4.1.4　用 plot3 命令绘制出

$$\begin{cases} x=\cos t \\ y=\sin t, \quad t\in[0,6\pi] \\ z=0.1t \end{cases}$$

的三维曲线。

解:MATLAB 命令如下:

```
clear
t = [0:0.03:6 * pi];
x = cos(t);
y = sin(t);
z = 0.1 * t;
plot3(x,y,z)
```

运行结果如图 4.5 所示。

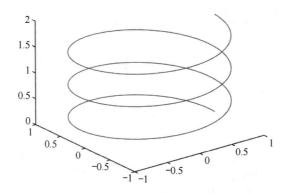

图 4.5　空间曲线的图形

实际上,空间曲线也有简易绘图命令 ezplot3,使用格式如下:

$$ezplot3('x','y','z',[a,b])\quad \%x=x(t),y=y(t),z=z(t),a{\leqslant}t{\leqslant}b$$

当缺少 $[a,b]$ 时,默认为 $[0,2\pi]$。

4.1.4　等高线

用 contour 函数和 contour3 函数可以画出曲面的二维和三维等高线图。使用格式:

$$contour(x,y,z,n),\qquad \% \ n 表示绘制等高线的条数$$

例 4.1.5　绘制出函数 $z=x^3+y^3-12x-12y,-4{\leqslant}x,y{\leqslant}4$ 的各种等高线。

解:MATLAB 命令如下:

```
clear;clf
[x,y] = meshgrid( - 4:0.2:4);
z = x.^3 + y.^3 - 12 * x - 12 * y;
figure(1)
mesh(x,y,z)
figure(2)
contour(x,y,z,10)
```

```
figure(3)
[c,h] = contour(x,y,z);
clabel(c,h)        % 按照 h 中的分量作为高度画出等高线并进行标注
figure(4)
h1 = [ - 28  - 16  - 8 0 6 18 26];
c1 = contour(z,h1);
clabel(c1)
figure(5)
contourf(z)        % 投影在 xOy 平面上经过填充后的曲面等高线
figure(6)
contour3(z,10)
```

运行结果如图 4.6～图 4.11 所示。

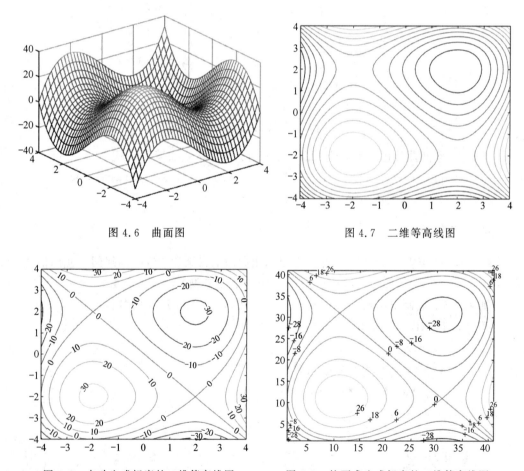

图 4.6　曲面图　　　　　　　　　　　　图 4.7　二维等高线图

图 4.8　自动生成标度的二维等高线图　　　图 4.9　按要求生成标度的二维等高线图

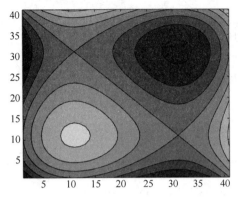

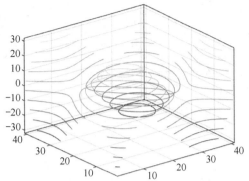

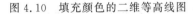

图 4.10　填充颜色的二维等高线图　　　　图 4.11　三维等高线图

习　题　4.1

1. 画出空间曲面 $z = \dfrac{10\sin\sqrt{x^2+y^2}}{\sqrt{1-x^2-y^2}}$，$-30 \leqslant x, y \leqslant 30$ 的图形，并画出相应的等高线。

2. 利用 surf 画出马鞍面 $z = \dfrac{x^2}{9} - \dfrac{y^2}{4}$，$-25 \leqslant x, y \leqslant 25$ 的图形。

3. 画出空间曲面 $z = \sin x \sin y$，$-\pi \leqslant x, y \leqslant \pi$ 的图形，并画出相应的等高线。

4. 画出空间曲面 $z = \sqrt{x^2+y^2}$，$-10 \leqslant x, y \leqslant 10$ 的图形。

5. 画出空间曲线 $x = 2\cos t, y = 2\sin t, z = 3t, 0 < t < 10\pi$ 的图形。

6. 画出空间曲线 $x = \mathrm{e}^{-0.2t}\cos\left(\dfrac{\pi}{2}t\right), y = \mathrm{e}^{-0.2t}\sin\left(\dfrac{\pi}{2}t\right), z = \sqrt{t}, 0 < t < 20$ 的图形。

4.2　多元函数微分

4.2.1　多元函数极限

　　所谓多元函数极限存在，是指沿任何函数路径的极限均存在。但是反过来，如果当多元函数以不同路径趋于某一个点时，其极限出现不同值，那么就可以断定这函数的极限不存在。基于这一点，这里是对极限存在的函数，求沿坐标轴方向的极限，即将求多元函数极限问题，化成求多次单极限的问题。也就是通过嵌套使用 limit 函数进行计算。

　　例 4.2.1　求 $\lim\limits_{\substack{x \to 0 \\ y \to \pi}} \dfrac{x^2+y^2}{\sin x + \cos y}, \lim\limits_{\substack{x \to 0 \\ y \to 0}} \dfrac{xy}{\sqrt{2-\mathrm{e}^{xy}}-1}$。

　　解：MATLAB 命令如下：

```
clear
syms x y
a = limit(limit((x^2 + y^2)/(sin(x) + cos(y)),0),pi),
b = limit(limit(x * y/(sqrt(2 - exp(x * y)) - 1),0),0),
```

运行结果为

```
a =
 - pi^2
b =
 - 2
```

注意：在 MATLAB 中，却不能求出像 $\lim\limits_{\substack{x\to 0 \\ y\to 0}}\dfrac{2-\sqrt{xy+4}}{xy}$ 的极限，原因是第一次让 x 趋于零时，同时消掉了 y，分母出现了零。

4.2.2　多元函数偏导数及全微分

MATLAB 的符号运算工具箱中并没有提供求偏导数的专用函数，仍然用 diff 函数来实现偏导数运算。命令形式为 diff(z,x,n)，其意义是求多元函数 z 关于变量 x 的 n 阶偏导数，n 为 1 时可以省略。

例 4.2.2　求二元函数 $z=x^2y+3y^2$ 的两个偏导数 $\dfrac{\partial z}{\partial x},\dfrac{\partial z}{\partial y}$，并计算 $\dfrac{\partial z}{\partial x}\Big|_{(2,1)}$。

解：MATLAB 命令如下：

```
clear;clc;
syms x y
z = x.^2 * y + 3 * y^2;
zx = diff(z,x)
zy = diff(z,y)
zx21 = subs(zx,[x,y],[2,1])  % 用[2,1]替换[x,y]
```

运行结果为

```
zx =
    2 * x * y
zy =
    x^2 + 6 * y
zx21 =
    4
```

上面程序的最后一行也可以写成 x=2;y=1;zx21＝eval(zx)。

例 4.2.3　设 $z = x^6 - 3y^4 + 2x^2 y^2$，求 $\dfrac{\partial^2 z}{\partial x^2}, \dfrac{\partial^2 z}{\partial x \partial y}$。

解：MATLAB 命令如下：

```
clear;clc;
syms x y
z = x.^6 - 3 * y^4 + 2 * x^2 * y^2;
zx = diff(z,x);
zxx = diff(z,x,2),
zxy = diff(zx,y)
```

运行结果为

```
zxx =
    30 * x^4 + 4 * y^2
zxy =
    8 * x * y
```

例 4.2.4　设 $e^y + xy - e = 0$，求隐函数 $y = y(x)$ 的导数 $\dfrac{\mathrm{d}y}{\mathrm{d}x}$。

解：设 $F(x,y) = e^y + xy - e$，求出 F_x, F_y，则 $\dfrac{\mathrm{d}y}{\mathrm{d}x} = -\dfrac{F_x}{F_y}$。 MATLAB 命令如下：

```
clear;
syms x y
F = exp(y) + x * y - exp(1);
Fx = diff(F,x);
Fy = diff(F,y);
dy_dx = - Fx/Fy
```

运行结果为

```
dy_dx =
        - y/(x + exp(y))
```

例 4.2.5　设 $e^z + xyz = 0$，求隐函数 $z = z(x,y)$ 的两个偏导数 $\dfrac{\partial z}{\partial x}, \dfrac{\partial z}{\partial y}$。

解：设 $F(x,y,z) = e^z + xyz$，求出 F_x, F_y, F_z，则

$$\frac{\partial z}{\partial x} = -\frac{F_x}{F_z}, \frac{\partial z}{\partial y} = -\frac{F_y}{F_z}$$

MATLAB 命令如下：

```
clear;clc;
syms x y z
F = exp(z) - x * y * z;
Fx = diff(F,x);
```

```
Fy = diff(F,y);
Fz = diff(F,z);
dz_dx = - Fx/Fz
dz_dy = - Fy/Fz
```

运行结果如下：

```
dz_dx =
        (y * z)/(exp(z) - x * y)
dz_dy =
        (x * z)/(exp(z) - x * y)
```

例 4.2.6 设 $z = \arctan(x^2 y)$，求全微分 $\mathrm{d}z$。

解：全微分可写为 $\mathrm{d}z = \dfrac{\partial z}{\partial x}\mathrm{d}x + \dfrac{\partial z}{\partial y}\mathrm{d}y$。

MATLAB 命令如下：

```
clear;
syms x y z zx zy dx dy
z = atan(x^2 * y);
zx = diff(z,x);
zy = diff(z,y);
dz = zx * dx + zy * dy
```

运行结果为

```
dz =
      (dy * x^2)/(x^4 * y^2 + 1) + (2 * dx * x * y)/(x^4 * y^2 + 1)
```

4.2.3 微分法在几何上的应用

关于微分法在几何上的应用，主要讨论微分法在法线、切线与法平面、法线与切平面、数值梯度上的应用。

1. 法线

在 MATLAB 中计算和绘制曲面法线的指令是：

surfnorm(X,Y,Z)   绘制(X,Y,Z)所表示的曲面的法线

[Nx,Ny,Nz] = surfnorm(X,Y,Z)   给出(X,Y,Z)所表示的曲面的法线数据

例 4.2.7 绘制半个椭圆 $x^2 + 4y^2 = 4$ 绕 x 轴旋转一周得到的曲面的法线。

解：MATLAB 命令如下：

```
clear
y = - 1:0.1:1;x = 2 * cos(asin(y));              % 绘制曲面的"母线"
[X,Y,Z] = cylinder(x,20);                        % 形成旋转曲面
surfnorm(X(:,11:21),Y(:,11:21),Z(:,11:21));      % 在曲面上画法线
```

　　view([120,18])　　　　　　　　　　　　　　　　% 控制观察角
运行结果如图 4.12 所示。

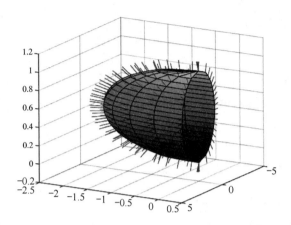

图 4.12　法线示意图

2. 切线与法平面

　　空间曲线 $L: x = x(t), y = y(t), z = z(t), a \leqslant t \leqslant b$，在点 $M(x, y, z)$ 处的切线方程的方向向量为

$$s = \{x'(t), y'(t), z'(t)\}$$

　　在 MATLAB 中用 jacobian 命令可以得到切向量 $s = \{x'(t), y'(t), z'(t)\}$。（列向量）

$$\text{jacobian}([x, y, z], t) = s = \{x'(t), y'(t), z'(t)\}。$$

　　过点 $M_0(x_0, y_0, z_0)(t = t_0)$ 的切线方程 F 为

$$x = x_0 + x_0'(t_0)t, y = y_0 + y_0'(t_0)t, z = z_0 + z_0'(t_0)t,$$

即

$$F: [x, y, z]^T = [x_0, y_0, z_0]^T + s_0^T \cdot t$$

转为 MATLAB 语句为

　　　　F = -[x;y;z] + [x0;y0;z0] + s0 * t　　　　% 等式右端 = 0 省略

　　过点 $M_0(x_0, y_0, z_0)(t = t_0)$ 的法平面方程 G 为

$$(x - x_0)x_0'(t_0) + (y - y_0)y_0'(t_0) + (z - z_0)z_0'(t_0) = 0$$

即

$$G: [x - x_0, y - y_0, z - z_0] \cdot s_0 = 0$$

转为 MATLAB 语句为

　　　　G = [x - x0;y - y0;z - z0] * s0　　　　　　% 等式右端 = 0 省略

例 4.2.8 设曲线方程 $L:x=\sin t, y=\cos t, z=t$，求 L 在 $t=\dfrac{\pi}{4}$ 处的切线方程和法平面方程，并画图显示。

解：MATLAB 命令如下：

```
clear;clc;
syms t x y z
x1 = sin(t);y1 = cos(t);z1 = t;
S1 = jacobian([x1,y1,z1],t);
t = pi/4;
x0 = sin(t);y0 = cos(t);z0 = t;
s0 = subs(S1)
syms t
F = -[x;y;z]+[x0;y0;z0]+s0 * t,
G = [x-x0,y-y0,z-z0] * s0
```

运行结果为

```
F =

    (2^(1/2) * t)/2 - x + 2^(1/2)/2
    2^(1/2)/2 - (2^(1/2) * t)/2 - y
              pi/4 + t - z
G =


    z - pi/4 + (2^(1/2) * (x - 2^(1/2)/2))/2 - (2^(1/2) * (y - 2^(1/2)/
2))/2
```

可以使用命令 pretty(F)，pretty(G)来观看切线方程和法平面方程，得到切线方程

$$\begin{cases} x=\dfrac{\sqrt{2}}{2}+\dfrac{\sqrt{2}}{2}t \\[2mm] y=\dfrac{\sqrt{2}}{2}-\dfrac{\sqrt{2}}{2}t \\[2mm] z=\dfrac{1}{4}\pi+t \end{cases}$$

法平面方程

$$\frac{1}{2}\left(x-\frac{\sqrt{2}}{2}\right)\sqrt{2}-\frac{1}{2}\left(y-\frac{\sqrt{2}}{2}\right)\sqrt{2}+z-\frac{\pi}{4}=0$$

输入命令

```
t = -pi:0.1:2 * pi;[x,y] = meshgrid(-3:0.2:3);tt = -3:0.1:3;
x1 = sin(t);y1 = cos(t);z1 = t;x2 = 1/2 * 2^(1/2) + 1/2 * tt * 2^(1/2);
y2 = 1/2 * 2^(1/2) - 1/2 * tt * 2^(1/2);z2 = 1/4 * pi + tt;
```

z = (1/2 * (x - 1/2 * 2^(1/2)) * 2^(1/2) - 1/2 * (y - 1/2 * 22^(1/2)) * 2^(1/2) - 1/4 * pi)/(-1);

  plot3(x1,y1,z1),hold on

  plot3(x2,y2,z2),hold on

  mesh(x,y,z),

  axis equal,view(- 45,15)

运行结果如图 4.13 所示。

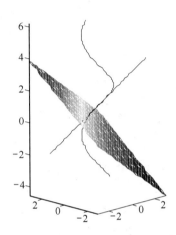

图 4.13　切线与法平面示意图

3. 切平面与法线

空间曲面 $\sum: F(x,y,z)=0, z=z(x,y), (x,y) \in D$ 在点 $M(x_0,y_0,z_0)$ 处的切平面法向量为

$$n = \{F_x(x_0,y_0,z_0), F_y(x_0,y_0,z_0), F_z(x_0,y_0,z_0)\}$$

仍然用 MATLAB 中用 jacobian 命令可以得到法向量(行向量)

  jacobian(F,[x,y,z]) $= n = \{F_x(x_0,y_0,z_0), F_y(x_0,y_0,z_0), F_z(x_0,y_0,z_0)\}$

过点 $M_0(x_0,y_0,z_0)(t=t_0)$ 的切平面方程 F 为

$$F_x(x_0,y_0,z_0)(x-x_0) + F_y(x_0,y_0,z_0)(y-y_0) + F_z(x_0,y_0,z_0)(z-z_0) = 0$$

即

$$F: [x-x_0, y-y_0, z-z_0] \cdot n^T = 0$$

在 MATLAB 中得到切平面方程 F 为

  $F = [x-x_0, y-y_0, z-z_0] * n'$ %等式右端 = 0 省略

过点 $M_0(x_0,y_0,z_0)$ 的法线方程 G 为

$$G: [x,y,z] = [x_0,y_0,z_0] + n^T \cdot t$$

在 MATLAB 中得到法线方程 G 为

  $G = -[x;y;z] = [x0;y0;z0] + n' * t$ %等式右端 = 0 省略

例 4.2.9 设曲面方程 $S: z = 3x^2 + y^2$，求 S 在点 $(1,1,4)$ 处的切平面和法线方程。

解：MATLAB 命令如下：

```
clear;clc;
syms t x y z
F = 3 * x^2 + y^2 - z;x0 = 1;y0 = 1;z0 = 4;w = [x,y,z];s1 = jacobian(F,w);
v1 = subs(s1,x,x0);z2 = subs(v1,y,y0);n = subs(z2,z,z0);
F = [x - x0,y - y0,z - z0] * n',G = - [x;y;z] + [x0;y0;z0] + n'. * t
```

运行结果为

```
F =
  6 * x + 2 * y - z - 4
G =
  6 * t - x + 1
  2 * t - y + 1
  4 - z - t
```

得到所求方程为 $6x + 2y - z - 4 = 0$，法线方程 $x = 1 + 6t, y = 1 + 2t, z = 4 - t$。

输入命令

```
u = [0:0.1:1.5]';v = 0:0.1:2 * pi;t = - 1:0.1:0.5;
[x3,y3] = meshgrid(0:0.2:2, - 2:0.2:2);
x1 = u * cos(v);y1 = sqrt(3) * u * sin(v);z1 = 3 * u.^2 * (0 * v + 1);
x2 = 1 + 6 * t;y2 = 1 + 2 * t;z2 = 4 - t;z3 = 6 * x3 + 2 * y3 - 4;
mesh(x1,y1,z1),hold on,
plot3(x2,y2,z2),hold on,
mesh(x3,y3,z3),
view(156,68),axis equal
```

得到切平面与法线示意图，如图 4.14 所示。

4. 数值梯度

```
[FX,FY] = gradient(F,h)          % 二元函数的梯度,FX,FY 为 F 沿 x,y 方向的数值
```
导数。

例 4.2.10 已知二元函数 $z = xe^{-x^2 - y^2}$ 与区域 $-2 \leqslant x, y \leqslant 2$，步长为 0.2，试求梯度向量并画图。

解：MATLAB 命令如下：

```
clear;clc
v = - 2:0.2:2;
[x,y] = meshgrid(v);
```

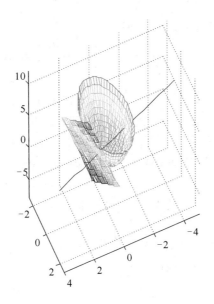

图 4.14　切平面与法线示意图

z = x. * exp(- x.^2 - y.^2);

[px,py] = gradient(z,0.2,0.2);

contour(v,v,z),holdon,　　　　% 曲面的等高线在 x0y 上的投影

quiver(v,v,px,py),hold off　　% quiver 为二维向量场的可视化函数

运行结果如图 4.15 所示。

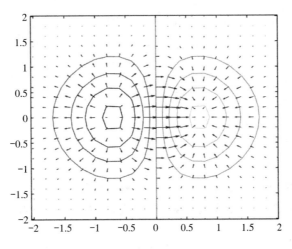

图 4.15　梯度向量示意图

4.2.4 多元函数的极值

类似于一元函数的极值命令,在 MATLAB 中求多元函数极小值的命令是 fminsearch,调用格式如下:

$$x = fminsearch(fun,x0)$$

其中,x0 为初值,返回函数 fun 在 x0 附近的局部最小值点 x;或以下格式

$$[x,fval] = fminsearch(fun,x0)$$

返回函数 fun 在 x0 附近的局部最小值点 x 及对应的极小值 fval。

例 4.2.11 求二元函数 $f(x,y)=5-x^4-y^4+4xy$ 在原点附近的极大值。

解: 问题等价于求 $-f(x,y)$ 的极小值,输入命令:

```
clear;clc
fun = inline('x(1)^4 + x(2)^4 - 4 * x(1) * x(2) - 5','x');
[x,fval] = fminsearch(fun,[0,0])
```

运行结果为

```
x =
    1.0000    1.0000        % 极大值点 x = 1,y = 1
fval =
   - 7.0000                 % 极大值 - fval = 7
```

例 4.2.12 求二元函数 $f(x,y)=xe^{-(x^2+y^2)}$ 的极值。

解: 不妨先画出函数图形及等高线,输入命令

```
clear;
[x,y] = meshgrid( - 2:0.1:2, - 2:0.1:2);
z = x. * exp( - (x.^2 + y.^2));
subplot(121)
mesh(x,y,z)
subplot(122)
contour(x,y,z,100)
grid on
```

运行结果如图 4.16 所示。

从图中可以观察到在 $[-2,2]\times[-2,2]$ 上有一个极小值点,大概在 $(-0.5,0)$ 附近,有一个极大值点大概在 $(0,0.5)$ 附近,观察到处值后,调用 fminsearch 命令

```
clc;clear
f = 'x(1) * exp( - (x(1)^2 + x(2)^2))';
[x,fv] = fminsearch(f,[ - 0.5,0]);
xmin = x
```

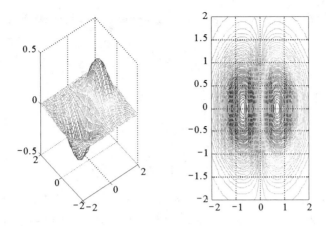

图 4.16　曲面及等高线图

```
    zmin = fv
```
运行结果为：
```
    xmin =
       - 0.7071    - 0.0005
    zmin =
       - 0.4289
```
说明极小值点为$(-0.7071,-0.0005)$,对应的极小值为-0.4289,调用命令
```
    f2 = '- x(1) * exp( - (x(1)^2 + x(2)^2))';
    [x,fv] = fminsearch(f2,[0,0.5]);
    xmax = x
    zmax = - fv
```
运行得到
```
    xmax =
        0.7071    - 0.0000
    zmax =
        0.4289
```
说明极小值点为$(0.7071,-0.0005)$,对应的极小值为0.4289。

习　题　4.2

1. 求$\lim\limits_{\substack{x\to 0 \\ y\to 0}}\dfrac{1-\cos(x^2+y^2)}{(x^2+y^2)\mathrm{e}^{x^2 y^2}}$。

2. 求二元函数 $z=x^2+3xy+y^2$ 的两个偏导数 $\dfrac{\partial z}{\partial x},\dfrac{\partial z}{\partial y}$，并计算 $\dfrac{\partial z}{\partial x}\big|_{(1,2)}$。

3. 设 $z=x^3y^2-3xy^3-xy+1$，求 $\dfrac{\partial^2 z}{\partial x^2},\dfrac{\partial^2 z}{\partial x\partial y}$。

4. 设 $z=\arctan\dfrac{y}{x}$，求全微分 $\mathrm{d}z$。

5. 设 $\sin y+\mathrm{e}^x-xy^2=0$，求隐函数 $y=y(x)$ 的导数 $\dfrac{\mathrm{d}y}{\mathrm{d}x}$。

6. 设 $\dfrac{x}{z}=\ln\dfrac{z}{y}$，求隐函数 $z=z(x,y)$ 的两个偏导数 $\dfrac{\partial z}{\partial x},\dfrac{\partial z}{\partial y}$。

7. 设曲线方程 $L:x=t,y=t^2,z=t^3$，求 L 在 $t=1$ 处的切线方程和法平面方程。

8. 设曲面方程 $S:x^2+y^2+z^2=14$，求 S 在点 $(1,2,3)$ 处的切平面和法线方程。

9. 已知二元函数 $z=x\mathrm{e}^{-x^2-y^2}$ $(-1<x<1,0<y<2)$ 沿 x 轴方向的梯度。

10. 求二元函数 $f(x,y)=4(x-y)-x^2-y^2$ 在原点附近的极大值。

11. 做出二元函数 $f(x,y)=y^3/9+3x^2y+9x^2+y^2+xy+9$，$-2<x<1,-7<y<1$ 的图，观察极值点的位置并求出。

4.3 多元函数积分

4.3.1 二重积分

由于二重积分可以转化为二次积分运算，即
$$\iint\limits_{D_{xy}} f(x,y)\mathrm{d}\sigma=\int_a^b\mathrm{d}x\int_{y_1(x)}^{y_2(x)}f(x,y)\mathrm{d}y$$
或
$$\iint\limits_{D_{xy}} f(x,y)\mathrm{d}\sigma=\int_c^d\mathrm{d}y\int_{x_1(y)}^{x_2(y)}f(x,y)\mathrm{d}x$$

1. dblquad 函数

dblquad 函数用于矩形区域的数值积分。

例 4.3.1 计算 $s=\int_1^2\mathrm{d}y\int_0^1 x^y\mathrm{d}x$。

解：MATLAB 命令如下：

```
clear
zz = inline('x.^y','x','y');
s = dblquad(zz,0,1,1,2)
```

结果为

```
s =
    0.4055
```

2. int 函数

int 函数计算二重积分是计算两个定积分来实现的,可以用于矩形区域的积分,也可以用于内积分限为函数的积分。

例 4.3.2　计算 $\iint\limits_{D_{xy}}\dfrac{x}{1+xy}\mathrm{d}\sigma$,其中 $D_{xy}:0{\leqslant}x{\leqslant}1,0{\leqslant}y{\leqslant}1$。

解:MATLAB 命令如下:

```
clear;clc;
syms x y;
a = int(int(x/(1 + x * y),y,0,1),x,0,1)
```

运行结果如下:

```
a =
    log(4) - 1
```

即二重积分 $\iint\limits_{D_{xy}}\dfrac{x}{1+xy}\mathrm{d}\sigma = \ln 4 - 1 = 2\ln 2 - 1$。

例 4.3.3　计算 $\iint\limits_{D_{xy}}\mathrm{e}^{-x^2-y^2}\mathrm{d}\sigma$,其中 D_{xy} 是由曲线 $2xy=1,y=\sqrt{2x},x=2.5$ 所围成的平面区域。

解:(1) 画出积分区域草图。输入命令

```
clear;clc;
x = 0.001:0.001:3;y1 = 1./(2 * x);
y2 = sqrt(2 * x);
plot(x,y1,x,y2,2.5, - 0.5:0.01:3);
axis([ - 0.5 3, - 0.5 3])
```

运行结果如图 4.17 所示。

(2) 确定积分限。输入命令

```
clear
syms x y;
y1 = '2 * x * y = 1';y2 = 'y - sqrt(2 * x) = 0';
[x,y] = solve(y1,y2)
```

得到交点

```
x =
    1/2
```

117

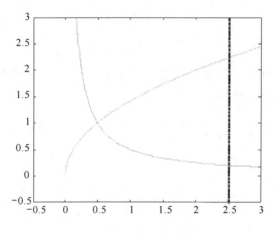

图 4.17 积分区域示意图

```
    y =

         1
```

（3）输入命令

```
clear
syms x y;
f = exp( - x^2 - y^2);y1 = 1/(2 * x);y2 = sqrt(2 * x);
jfy = int(f,y,y1,y2);jfx = int(jfy,x,0.5,2.5);
jf2 = vpa(jfx)                    % 高精度的计算值
```

结果为

```
jf2 =

    0.12412798808725833867150108282287
```

因此，$\iint\limits_{D_{xy}} e^{-x^2-y^2} d\sigma = 0.124\ 127\ 988\ 087\ 258\ 338\ 671\ 501\ 082\ 822\ 87$。

例 4.3.4 计算 $\iint\limits_{D_{xy}} \sqrt{1-x^2-y^2}\,dxdy$，其中 D_{xy} 是为圆 $x^2+y^2=x$ 在第一象限所围成的平面区域。

解：由于本题积分区域为圆域，因此应使用极坐标进行二重积分计算。根据 $\begin{cases} x=r\cos\theta \\ y=r\sin\theta \end{cases}$，可得积分限为 $\begin{cases} 0\leqslant\theta\leqslant\dfrac{\pi}{2} \\ 0\leqslant r\leqslant\cos\theta \end{cases}$，则二重积分为

$$\iint\limits_{D_{xy}} \sqrt{1-x^2-y^2}\,dxdy = \int_0^{\frac{\pi}{2}} d\theta \int_0^{\cos\theta} \sqrt{1-r^2}\,rdr$$

输入命令

```
clear;clc;
```

```
syms x y r theta
x = r * cos(theta);
y = r * sin(theta);
jfr = int(sqrt(1 - x^2 - y^2) * r,r,0,cos(theta));
jft = int(jfr,theta,0,pi/2)
```

输出结果为

```
jft =
    pi/6 - 2/9
```

即二重积分

$$\iint\limits_{D_{xy}} \sqrt{1 - x^2 - y^2}\,\mathrm{d}x\mathrm{d}y = \frac{\pi}{6} - \frac{2}{9}$$

4.3.2　三重积分

与二重积分类似,三重积分可以转化为三次积分计算,即

$$\iiint\limits_{V} f(x,y,z)\mathrm{d}x\mathrm{d}y\mathrm{d}z = \int_a^b \mathrm{d}x \int_{y_1(x)}^{y_2(x)} \mathrm{d}y \int_{z_1(x,y)}^{z_2(x,y)} f(x,y,z)\mathrm{d}z$$

然后用 MATLAB 函数 int 依次计算三个定积分,还可以使用 triplequad 进行数值计算。

1. triplequad 函数

triplequad 函数用于长方体区域的数值积分。

例 4.3.5　计算 $s = \int_2^3 \mathrm{d}z \int_1^2 \mathrm{d}y \int_0^1 xyz\,\mathrm{d}x$。

解:MATLAB 命令如下:

```
clear
w = inline('x * y * z','x','y','z');
s = triplequad(w,0,1,1,2,2,3)
```

输出结果为

```
s =
    1.8750
```

2. int 函数

int 函数计算三重积分是计算三个定积分来实现的,可以用于矩形区域的积分,也可以用于内积分限为函数的积分

例 4.3.6　计算 $\int_{-1}^1 \mathrm{d}z \int_0^1 \mathrm{d}y \int_0^\pi (y\sin x + z\cos x)\mathrm{d}x$。

解:MATLAB 命令如下:

```
clear;clc;
```

```
syms x y z
s = vpa(int(int(int(y * sin(x) + z * cos(x),x,0,pi),y,0,1),z, - 1,1))
```

运行结果为

```
s =

   2.0
```

例 4.3.7 计算 $\iiint\limits_V (x + e^y + \sin z)\mathrm{d}x\mathrm{d}y\mathrm{d}z$，其中积分区域 V 是由旋转抛物面 $z = 8 - x^2 - y^2$，圆柱 $x^2 + y^2 = 4$ 和 $z = 0$ 所围成的空间闭区域。

解：(1) 画出积分区域草图。输入命令

```
clear;clc;
[t,r] = meshgrid(0:0.05:2 * pi,0:0.05:2);
x = r. * cos(t);y = r. * sin(t);z = 8 - x.^2 - y.^2;
mesh(x,y,z);hold on
[x1,y1,z1] = cylinder(2,30);
z2 = 4 * z1;mesh(x1,y1,z2)
```

运行结果如图 4.18 所示。

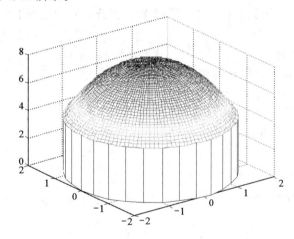

图 4.18　积分区域示意图

(2) 确定积分限，输入命令

```
clear;clc
syms x y z
f1 = ('z = 8 - x^2 - y^2');f2 = ('x^2 + y^2 = 4');
[x,y,z] = solve(f1,f2,'x','y','z')
```

得到交线是

```
x =
```

```
      - (4 - z1^2)^(1/2)
       (4 - z1^2)^(1/2)
   y =
       z1
       z1
   z =
       4
       4
```

（3）输入命令

```
clear
syms x y z
f = x + exp(y) + sin(z);z1 = 0;z2 = 8 - x^2 - y^2;x1 = - sqrt(4 - y^2);x2 =
sqrt(4 - y^2);
jfz = int(f,z,z1,z2);jfx = int(jfz,x,x1,x2);jfy = int(jfx,y, - 2,2);
vpa(jfy)
```

运行结果为

```
ans =
   121.66509988032497313042932633484
```

因此，$\iiint\limits_{V}(x + e^y + \sin z)\mathrm{d}x\mathrm{d}y\mathrm{d}z = 121.665\,099\,880\,324\,973\,130\,429\,326\,334\,84$。

习　题　4.3

1. 使用 dhlquad 函数计算积分 $\iint\limits_{D}(3xe^{\frac{y}{2}} + 2y\sin x)\mathrm{d}\sigma$，其中 $D:0\leqslant x\leqslant\pi,0\leqslant y\leqslant 1$。

2. 使用 int 函数计算积分 $\iint\limits_{D}(x\sin y + e^x)\mathrm{d}\sigma$，其中 $D:0\leqslant x\leqslant 1,x^2\leqslant y\leqslant 3x$。

3. 计算积分 $\int_0^{2\pi}\mathrm{d}\theta\int_0^1\sqrt{1 + r^2\sin\theta}\,\mathrm{d}r$。

4. 计算积分 $\iint\limits_{D}(5x + y)\mathrm{d}x\mathrm{d}y$，其中 D 由 $y=2x,y=x^2$ 围成。

5. 计算积分 $\iint\limits_{D}xy\mathrm{d}x\mathrm{d}y$，其中 D 由 $y^2 = x,y = x - 2$ 围成。

6. 计算积分 $\iint\limits_{D}\dfrac{1}{x^2 + y^2}\mathrm{d}\sigma$。

7. 计算积分 $\iiint\limits_{\Omega} \dfrac{\mathrm{d}x\mathrm{d}y\mathrm{d}z}{(1+x+y+z)^2}$，其中 Ω 是平面 $x=0, y=0, z=0, x+y+z=1$ 所围成的四面体。

8. 求由曲面 $z=\sqrt{x^2+y^2}$ 与 $z=6-x^2-y^2$ 所围成的立体的体积。

4.4　常微分方程求解

在科学研究和工程实际应用中常常涉及到常微分方程求解的问题。通常情况下，一些常微分方程可借助于解析方法获得解析解，但实际应用中大量的常微分方程没有解析解，或者求它们的解析解的代价无法忍受，这便产生了常微分方程的数值解法，例如，Eular 法、Runge-Kutta 法等。本节主要介绍 MATLAB 中的常微分方程符号解和数值解的求解方法。

4.4.1　常微分方程的符号解

求常微分方程的符号解就是求微分方程解的解析表达式，主要是一些可解的一阶、二阶以及高阶的微分方程和微分方程组，例如，可分离变量方程，齐次方程，一阶、二阶线性齐次和非齐次微分方程，可降阶的高阶微分方程，一阶线性微分方程组等。若所解微分方程或微分方程组无初始条件，求得的解称为通解，否则称为特解。MATLAB 提供了一个基本命令 dsolve 用于常微分方程求符号解。其一般调用格式为

$$[y1,y2,\cdots] = \mathrm{dsolve}('eq1,eq2,\cdots', 'cond1,cond2,\cdots','v')$$
$$[y1,y2,\cdots] = \mathrm{dsolve}('eq1','eq2',\cdots, 'cond1','cond2',\cdots,'v')$$

其中，y1,y2,…为返回所求符号解的表达式，eq1,eq2,…为微分方程或方程组的表达式，cond1,cond2,…为初始条件，若无此项则求得的为通解，否则求得特解，v 为自变量。

1．一个微分方程的符号求解

例 4.4.1　求下列微分方程的通解

(1) $xy'-y\ln y=0$　　　　　　(2) $(x^2+y^2)\mathrm{d}x-xy\mathrm{d}y=0$

(3) $y''-5y'+6y=\cos x$　　　　(4) $y'''-y''-6y'=x\mathrm{e}^{-x}+1$

解：输入命令

    y1 = dsolve('x * Dy - y * log(y) = 0','x')
    y2 = dsolve('(x^2 + y^2) - x * y * Dy = 0','x')
    y3 = dsolve('D2y - 5 * Dy + 6 * y = cos(x)','x')
    y4 = dsolve('D3y - D2y - 6 * Dy = x * exp(- x) + 1','x')

结果为

    y1 = exp(x * C1)

y2 =

   $(2 * \log(x) + C1)^{(1/2)} * x$

   $- (2 * \log(x) + C1)^{(1/2)} * x$

y3 = $\exp(3 * x) * C2 + \exp(2 * x) * C1 + 1/10 * \cos(x) - 1/10 * \sin(x)$

y4 = $- 1/2 * \exp(- 2 * x) * C2 + 1/3 * \exp(3 * x) * C1 - 1/6 * x + 1/4 * x * \exp(- x) + 1/16 * \exp(- x) + C3$

注意: 调用 dsolve 解微分方程时,一阶导数、二阶导数、……,分别用 Dy,D2y,……等表示。

例 4.4.2 求下列微分方程的特解。

(1) $\dfrac{\mathrm{d}y}{\mathrm{d}x} + \dfrac{2-3x^2}{x^3}y = 1, y(1) = 0$。

(2) $(1+x^2)y'' = 2xy', y(0) = 1, y'(0) = 3$。

(3) $y'' + y = -\sin 2x, y(\pi) = 1, y'(\pi) = 1$。

解: 输入命令:

```
y1 = dsolve('Dy + (2 - 3 * x^2)/x^3 * y - 1','y(1) = 0','x')

y2 = dsolve('(1 + x^2) * D2y - 2 * x * Dy','y(0) = 1,Dy(0) = 3','x')

y3 = dsolve('D2y + Dy + sin(2 * x) = 0','y(pi) = 1,Dy(pi) = 1','x')
```

结果为

```
y1 = 1/2 * x^3 - 1/2 * exp(1/x^2) * x^3/exp(1)

y2 = 1 + x^3 + 3 * x

y3 = cos(2 * x)/10 + sin(2 * x)/5 - (3 * exp(pi))/(5 * exp(x)) + 3/2
```

例 4.4.3 求下列微分方程在给定初始条件下的特解,并做出特解在 $-2 < x < 2$ 范围内的图形。

$$y'' = y + 4x\mathrm{e}^x, y(0) = 0, y'(0) = 1$$

解: 输入命令

```
clear,clc

y = dsolve('D2y - y = 4 * x * exp(x)','y(0) = 0,Dy(0) = 1','x')

x = -2:0.1:2; y = subs(y,x);

plot(x,y),grid on
```

结果为

```
y = - exp(- x) + exp(x) + (- 1 + x) * x * exp(x)
```

所求特解图像如图 4.19 所示。

2. 微分方程组的符号求解

通常称含多个常微分方程形成的方程组为常微分方程组。常用的一类常微分方程组为一阶线性微分方程组,其一般形式为

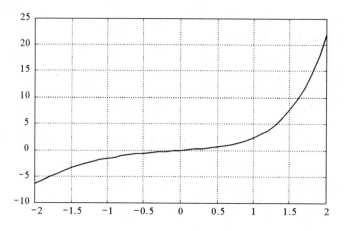

图 4.19 微分方程特解图

$$\begin{cases} \dfrac{\mathrm{d}y_1}{\mathrm{d}x} = a_{11}(x)y_1 + a_{12}(x)y_2 + \cdots + a_{1n}(x)y_n + f_1(x) \\[2mm] \dfrac{\mathrm{d}y_2}{\mathrm{d}x} = a_{21}(x)y_1 + a_{22}(x)y_2 + \cdots + a_{2n}(x)y_n + f_2(x) \\[2mm] \qquad\qquad\qquad\qquad\vdots \\[2mm] \dfrac{\mathrm{d}y_n}{\mathrm{d}x} = a_{n1}(x)y_1 + a_{22}(x)y_2 + \cdots + a_{nn}(x)y_n + f_n(x) \end{cases} \tag{1}$$

求得上述方程的 n 个解：

$$\begin{cases} y_1 = \varphi_1(x, c_1, \cdots, c_n) \\ y_2 = \varphi_2(x, c_1, \cdots, c_n) \\ \qquad\qquad\vdots \\ y_n = \varphi_n(x, c_1, \cdots, c_n) \end{cases} \tag{2}$$

称为其通解，其中，$c_1, \cdots, c_n$ 为 n 个任意常数。若还给定了 n 个初始值 $y_1(x_0) = a_1$，$y_2(x_0) = a_2, \cdots, y_n(x_0) = a_n$，则求解所得到的不含任意常数的解称为其特解。在 MATLAB 中，仍可以采用 dsolve 求常微分方程组的符号解。

例 4.4.4 求下列常微分方程组的通解。

$$\begin{cases} \dfrac{\mathrm{d}x}{\mathrm{d}t} = x + y \\[2mm] \dfrac{\mathrm{d}y}{\mathrm{d}t} = 2x \end{cases}$$

解：输入命令：

    [x,y] = dsolve('Dx = x + y, Dy = 2 * x', 't')

结果为

    x = C1 * exp(2 * t) - 1/2 * C2 * exp(- t)
    y = C1 * exp(2 * t) + C2 * exp(- t)

例 4.4.5　求下列常微分方程组

$$\begin{cases} \dfrac{\mathrm{d}x}{\mathrm{d}t} = y + 1 \\[2mm] \dfrac{\mathrm{d}y}{\mathrm{d}t} = -x \end{cases}$$

满足初始条件 $x(0)=1, y(0)=1$ 的特解。

解：输入命令：

$[x,y] = \mathrm{dsolve}('Dx = y + 1', 'Dy = -x', 'x(0) = 1', 'y(0) = 1', 't')$

结果为

$x = \cos(t) + 2*\sin(t)$

$y = -\sin(t) + 2*\cos(t) - 1$

进一步可做出特解 x,y 的函数关系图，称为相轨，输入命令：

$[x,y] = \mathrm{dsolve}('Dx = y + 1', 'Dy = -x', 'x(0) = 1', 'y(0) = 1', 't')$

$t = 0:1/100*\mathrm{pi}:2*\mathrm{pi};$

$x = \mathrm{subs}(x,t); y = \mathrm{subs}(y,t);$

$\mathrm{plot}(x,y), \mathrm{grid\ on}$

得到 x,y 的函数关系，如图 4.20 所示。

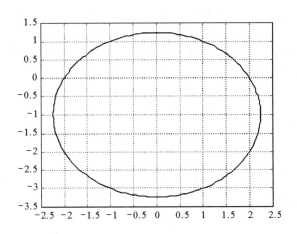

图 4.20　微分方程组特解 x, y 的函数关系

4.4.2　常微分方程的数值解

　　由于能求出解析解的常微分方程十分有限，而且实际应用中许多常微分方程问题只需求出足够精度的数值解就可以了。MATLAB 对于常见的常微分方程数值解法进行了算法实现与封装，这使得我们不必追究算法具体细节而能应用微分方程解决实际问题。

MATLAB 求解常微分方程初值问题数值解的常用命令及调用格式为

$$[t,y]=ode45(odefun, tspan,y0)$$

返回微分方程在求解区间或采样点 tspan 的数值解的向量 y 和采样点向量 t。ode-fun 为函数名，tspan 为区间或节点向量，例如，$[t_0,t_1,\cdots,t_n]$，y0 为初值向量。

在 MATLAB 中，除了此算法命令，还提供了适用于各种不同特点微分方程的类似算法命令，包括有 ode23,ode23s,ode113,ode15s 等，调用方法与 ode45 相同。

例 4.4.6 求微分方程 $y'=y\tan x+\sec x, y(0)=0,0<x<1$ 的解析解和数值解，并画出相应的图进行比较。

解：输入命令

```
clear,clc
y = dsolve('Dy = y * tan(x) + sec(x)','y(0) = 0','x')
fplot(char(y),[0,1,0,2]);hold on
f = inline('y * tan(x) + sec(x)','x','y');
[x,y] = ode45(f,[0,1],0);
plot(x,y,'o');grid on
```

结果为

```
y = x/cos(x)
```

所以，得到的解析解为 $y=\dfrac{x}{\cos x}$，它与数值解的图像的对比如图 4.21 所示，感觉上拟合得很好，但做局部放大后，可以观察到两曲线还是存在明显的差别，如图 4.22 所示。

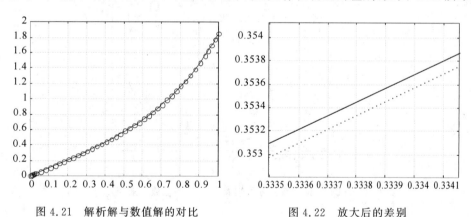

图 4.21 解析解与数值解的对比　　　　图 4.22 放大后的差别

例 4.4.7 求微分方程组

$$\begin{cases} \dfrac{\mathrm{d}x}{\mathrm{d}t}=x+2y \\ \dfrac{\mathrm{d}x}{\mathrm{d}t}=x-4 \end{cases}, x(0)=1, y(0)=1$$

的数值解,其中,$t=0.1,0.2,0.5$。

解:(1) 建立方程组右边函数的函数文件,输入命令:

```
function dy = wenfen1(t,y)
dy = [y(1) + 2 * y(2);y(1) - 4];
```

(2) 求方程组的数值解,输入命令:

```
[t,y] = ode45('wenfen1',[0.1,0.2,0.5],[1,1])
```

结果为

```
t =
    0.1000
    0.2000
    0.5000

y =
    1.0000    1.0000
    1.2855    0.7145
    1.9890    0.0110
```

例 4.4.8　求解微分方程 $\dfrac{\mathrm{d}^2 x}{\mathrm{d}t^2} - 1000(1-x^2)\dfrac{\mathrm{d}x}{\mathrm{d}t} + x = 0$,$x(0)=0, x'(0)=1$。

解:(1) 对于高阶微分方程求数值解的问题,首先需要将其转化为一阶微分方程组。为此,对于上述微分方程,令 $y_1=x, y_2=y_1'$,则方程转化为方程组

$$\begin{cases} y'_1 = y_2 \\ y'_2 = 1000(1-y_1^2)y_2 - y_1 \\ y_1(0) = 0, y_2(0) = 1 \end{cases}$$

(2) 建立方程组右边函数的函数文件,输入命令

```
function dy = wenfen2(t,y)
dy = [y(2);1000 * (1 - y(1)^2) * y(2) - y(1)];
```

(3) 设自变量 t 的取值区间为 $[0,3000]$,由上可得初值为 $[0,1]$,依据这些已知条件求出数值解,并做出其图形,输入命令:

```
clear;clc
[t,y] = ode15s('wenfen2',[0,3000],[0,1]);
plot(t,y(:,1))
```

运行结果如图 4.23 所示。

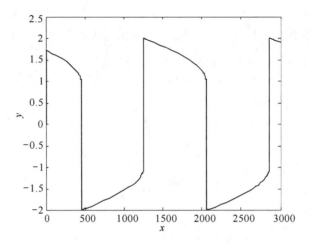

图 4.23　数值解函数关系图

习　题　4.4

1. 求下列微分方程的通解。

(1) $yy' - e^{y^2+3x} = 0$

(2) $y' = \dfrac{y}{x} + \dfrac{\tan y}{x}$

(3) $y'' + 3y' = (3x^2+1)e^{-3x}$

(4) $y'' - 2y' + 5y = \sin 2x$。

2. 求微分方程 $y' = 2x + y, y(0) = 1$ 的特解，同时要求输出 $x = 1, 2, 3$ 点的 y 值。

3. 求微分方程 $\dfrac{dy}{dx} = \ln(1+x^2)$ 的通解及 $y(0) = 1$ 的特解，且画出特解的图形。

4. 求微分方程 $y'' + 4y = \cos 2x + x, y(0) = 0, y'(0) = 1$ 符号解，并画出特解的图形。

5. 求微分方程 $y' + \dfrac{y}{x} = \dfrac{e^x}{x}, y(0.5) = 2$ 的符号解和数值解($0.5 < x < 3$)，并画出对应的图形进行比较。

6. 求解微分方程组

$$\begin{cases} \dfrac{dx}{dt} = x + 3y \\[2mm] \dfrac{dy}{dt} = x + 4 \end{cases}$$

且满足 $x(0) = 1, y(0) = 1$ 的特解并画出相应的相轨图。

7. 求二阶微分方程

$$y'' - 4y' + 3y = 0, y(0) = 6, y'(0) = 10$$

的数值解，并作出图形($0 < x < 3$)。

第5章　概率分布与统计推断

概率论与数理统计是研究和应用随机现象统计规律性的一门数学科学。其应用十分广泛,几乎遍及所有科学领域、工农业生产和国民经济各部门。本章将利用 *MATLAB* 来解决概率统计学中的概率分布、数字特征以及参数估计等问题。

5.1　离散型随机变量的概率及其分布

5.1.1　常见离散型分布

1. 二项分布

设随机变量 X 的分布律为

$$P\{X=k\}=C_n^k p^k (1-p)^{n-k} \qquad k=0,1,2,\cdots,n$$

式中,$0<p<1$,n 为独立重复试验的总次数,k 为 n 次重复试验中事件 A 发生的次数,p 为每次试验事件 A 发生的概率。则称 X 服从二项分布,记为 $X \sim B(n,p)$。

2. Poisson 分布

设随机变量 X 的分布律为

$$P\{x=k\}=\frac{\lambda^k}{k!}\mathrm{e}^{-\lambda} \qquad k=0,1,2,\cdots;\lambda>0$$

则称 X 服从参数为 λ 的 Poisson 分布,记为 $X \sim P(\lambda)$。Poisson 分布是二项分布的极限分布,当二项分布中的 n 较大而 p 又较小时,常用 Poisson 分布表示,此时 $\lambda=np$。

3. 超几何分布

设一批同类产品共 N 件,其中有 M 件次品,从中任取 n $(n \leqslant N)$ 件,其次品数 X 恰为 k 件的概率分布为

$$P\{X=k\}=\frac{C_M^k C_{N-M}^{n-k}}{C_N^n}, \qquad k=0,1,2,\cdots,\min(n,M)$$

则称次品数 X 服从参数为 (N,M,n) 的超几何分布。超几何分布用于无放回抽样,当 N 很大而 n 较小时,次品率 $p=\dfrac{M}{N}$ 在抽取前后差异很小,就用二项分布近似代替超几何分布,其中二项分布的 $p=\dfrac{M}{N}$。而且在一定条件下,也可用 Poisson 分布近似代替超几何分布。

5.1.2 概率密度函数值与分布函数的计算

无论是离散分布还是连续分布,在 MATLAB 中既可以用通用函数 pdf 也可以用专用函数来求概率密度函数值。因为离散型随机变量的取值是有限个或可数个,所以其概率密度函数值就是某个特定值的概率,也就是说此时利用函数 pdf 计算出的是输入分布的概率。

1. 通用概率密度函数 pdf 计算特定值的概率

函数 pdf 的一般调用格式如下:

$$Y = pdf('name', k, A)$$
$$Y = pdf('name', k, A, B)$$
$$Y = pdf('name', k, A, B, C)$$

上述函数返回以 name 为分布,在随机变量 $X = k$ 处,参数为 A、B、C 的概率密度值;对离散型随机变量 X,返回 $X = k$ 处的概率值,name 为分布函数名,它常见的取值有:name=bino(二项分布),hyge(超几何分布),geo(几何分布),poiss(Poisson 分布)。

2. 专用概率密度函数计算特定值的概率

(1) 二项分布的概率值

二项分布的概率值计算的专用函数为 binopdf,其一般调用格式为

$$binopdf(k, n, p)$$

等同于 pdf('bino', k, n, p)。其中 n 为试验总次数;p 为每次试验事件 A 发生的概率;k 为事件 A 发生的次数。

(2) Poisson 分布的概率值

Poisson 分布的概率值计算的专用函数为 poisspdf,其一般调用格式为

$$poisspdf(k, Lambda)$$

等同于 pdf('poiss', k, Lambda),其中 Lambda 为泊松分布的参数。

(3) 超几何分布的概率值

超几何分布的概率值计算的专用函数为 hygepdf,其一般调用格式为

$$hygepdf(k, N, M, n)$$

等同于 pdf('hyge', k, N, M, n),其中 N 为产品总数,M 为次品总数,n 为抽取总数($n \leqslant N$),k 为抽得次品数。

分布函数 $F(k) = P(X \leqslant k)$ 的值,又称为累计概率值。在 MATLAB 的统计工具箱中,提供了两种函数来计算随机变量的分布函数:通用函数和专用函数。

3. 通用函数 cdf 用来计算随机变量 $X \leqslant k$ 的概率之和(累积概率值)

函数 cdf 的一般调用格式如下:

cdf('name', k, A)

cdf('name', k, A, B)

cdf('name',k,A,B,C)

返回以 name 为分布、随机变量 $X \leqslant k$ 的概率之和(即累积概率值)。

4. 专用函数计算累积概率值(随机变量 $X \leqslant k$ 的概率之和,即分布函数)

(1) 二项分布的累积概率值

二项分布的累计概率值计算的专用函数为 binocdf,其一般调用格式为

$$\text{binocdf}(k,n,p)$$

(2) Poisson 分布的累积概率值

Poisson 分布的概率值计算的专用函数为 poisscdf,其一般调用格式为

$$\text{poisscdf}(k,\text{Lambda})$$

(3) 超几何分布的累积概率值

超几何分布的概率值计算的专用函数为 hygecdf,其使用格式为

$$\text{hygecdf}(k,N,M,n)$$

例 5.1.1　某机床出次品的概率为 0.01,求生产 100 件产品中:

(1) 恰有 1 件次品的概率;

(2) 至少有 1 件次品的概率。

解:此问题可看作是 100 次独立重复试验,每次试验出次品的概率为 0.01。

(1) MATLAB 命令如下:

```
clear;clc;
p1 = pdf('bino',1,100,0.01)      %利用通用函数计算恰好发生 1 次的概率
p11 = binopdf(1,100,0.01)        %利用专用函数计算恰好发生 1 次的概率
```

运行结果为

```
p1 =
    0.3697
p11 =
    0.3697
```

(2) MATLAB 命令如下:

```
clear;clc;
p2 = 1 - cdf('bino',0,100,0.01)
p22 = 1 - binocdf(0,100,0.01)
```

运行结果为

```
p2 =
    0.6340
p22 =
    0.6340
```

注意 cdf 是用来计算 $X \leqslant k$ 的累积概率值的通用函数,这里是计算 $X \geqslant 1$ 的概率值。

例 5.1.2 自 1875 年到 1955 年中的某 63 年间,某城市夏季(5~9 月间)共发生暴雨 180 次,试求在一个夏季中发生 k 次($k=0,1,2,\cdots,8$)暴雨的概率 P_k(设每次暴雨以 1 天计算)。

解:一年夏天共有天数为

$$n=31+30+31+31+30=153$$

故可知夏天每天发生暴雨的概率约为 $p=\dfrac{180}{63\times153}$,很小,$n=153$ 较大,可用 Poisson 分布近似,且 $\lambda=np=\dfrac{180}{63}$。

MATLAB 命令如下:

```
clear;clc;
p = 180/(63 * 153);
n = 153;
lambda = n * p;
for k = 1:9          % 循环变量最小值从 k = 1 开始
    P_k(k) = poisspdf(k - 1,lambda);
end
P_k
```

运行结果为

```
P_k =
    0.0574  0.1641  0.2344  0.2233  0.1595  0.0911  0.0434  0.0177  0.0063
```

注意:在 MATLAB 中,$p\_k(0)$ 被认为非法,因此应避免。

例 5.1.3 某市公安局在长度为 t 的时间间隔内收到的呼叫次数服从参数为 $\dfrac{t}{2}$ 的 Poisson 分布,且与时间间隔的起点无关(时间以小时计)。

求:(1) 在某一天中午 12 时至下午 3 时没有收到呼叫的概率 p1。

(2)某一天中午 12 时至下午 5 时至少收到 1 次呼叫的概率 p2。

解:在此题中,$\lambda=\dfrac{t}{2}$.设呼叫次数 X 为随机变量,则该问题转化为

(1) $p1=P\{X=0\}$,此时 $\lambda=\dfrac{3}{2}$;(2)$p2=1-P\{X\leqslant0\}$,此时 $\lambda=\dfrac{5}{2}$。

MATLAB 命令如下:

```
clear;clc;
p1 = poisscdf(0,1.5)
p2 = 1 - poisscdf(0,2.5)
```

运行结果为

```
p1 =
    0.2231
p2 =
    0.9179
```

由于呼叫次数 $X \leqslant 0$ 就是呼叫 0 次,即 $X=0$。因此,此题也可用 poisspdf 求解.即:

$$p1=\text{poisspdf}(0,1.5),\ p2=1-\text{poisspdf}(0,2.5)$$

例 5.1.4　设盒中有 5 件同样的产品,其中 3 件正品,2 件次品,从中任取 3 件,求不能取得次品的概率。

解:MATLAB 命令如下:

```
clear;clc;
N = 5;
M = 2;
n = 3;
for k = 1:M + 1
    p_k(k) = hygepdf(k - 1,N,M,n);
end
p_k
```

运行结果为

```
p_k =
    0.1000    0.6000    0.3000
```

上述结果表示取到次品数分别为 $X=0,1,2$ 的概率。

习　题　5.1

1. 在一级品率为 0.2 的大批产品中,随机地抽取 20 个产品,求其中有 2 个一级品的概率。

2. 保险公司售出某种寿险保单 2500 份。已知此项寿险每单需交保费 120 元,当被保人一年内死亡时,其家属可以从保险公司获得 2 万元的赔偿(即保额为 2 万元)。若此类被保人一年内死亡的概率 0.002,试求:

(1) 保险公司的此项寿险亏损的概率;

(2) 保险公司从此项寿险获利不少于 10 万元的概率;

(3) 获利不少于 20 万元的概率。

5.2 连续型随机变量的概率及其分布

5.2.1 常见连续型分布

1. 均匀分布

若随机变量 X 的概率密度为

$$p(x) = \begin{cases} \dfrac{1}{b-a} & a \leqslant x \leqslant b \\ 0 & \text{其他} \end{cases}$$

则称 X 在区间 $[a, b]$ 上服从均匀分布,记为 $X \sim U(a, b)$。

2. 指数分布

若随机变量 X 的概率密度为

$$p(x) = \begin{cases} \lambda e^{-\lambda x} & x \geqslant 0 \\ 0 & x < 0 \end{cases},\text{其中} \lambda > 0 \text{ 为常数}$$

则称 X 服从参数为 λ 的指数分布,记为 $E(\lambda)$。

3. 正态分布

若随机变量 X 的概率密度为

$$p(x) = \frac{1}{\sqrt{2\pi}\sigma} e^{-\frac{(x-\mu)^2}{2\sigma^2}} \quad -\infty < x < \infty$$

式中 $\mu, \sigma(\sigma > 0)$ 是两个常数,则称 X 服从参数为 μ, σ 的正态分布,记为 $X \sim N(\mu, \sigma^2)$。

4. Γ 分布

若随机变量 X 的概率密度为

$$p(x) = \begin{cases} \dfrac{\beta^\alpha}{\Gamma(\alpha)} x^{\alpha-1} e^{-\beta x} & x > 0 \\ 0 & x \leqslant 0 \end{cases}, \quad \text{其中} \alpha > 0, \beta > 0$$

记为 $\Gamma(\alpha, \beta)$

5. β 分布

若随机变量 X 的概率密度为

$$p(x) = \begin{cases} \dfrac{\Gamma(\alpha+\beta)}{\Gamma(\alpha)\Gamma(\beta)} x^{\alpha-1} (1-x)^{\beta-1} & 0 < x < 1 \\ 0 & \text{其他} \end{cases}, \text{其中} \alpha > 0, \beta > 0$$

记为 $\beta(\alpha, \beta)$。

6. χ^2 分布(卡方分布)

若随机变量 X 的概率密度为

$$p(x) = \begin{cases} \dfrac{1}{2^{\frac{n}{2}}\,\Gamma\!\left(\dfrac{n}{2}\right)} x^{\frac{n}{2}-1}\,e^{-\frac{x}{2}} & x \geqslant 0 \\ \\ 0 & x < 0 \end{cases}$$

n 为正整数,则称 X 为服从自由度为 n 的 χ^2 分布,记为 $X \sim \chi^2(n)$。

7. t 分布

若随机变量 t 的分布密度为

$$p(t) = \frac{\Gamma\!\left(\dfrac{n+1}{2}\right)}{\sqrt{n\pi}\,\Gamma\!\left(\dfrac{n}{2}\right)}\left(1 + \frac{t^2}{n}\right)^{-\frac{n+1}{2}} \qquad -\infty < t < \infty$$

n 为正整数,则称 t 为服从自由度为 n 的 t 分布,记为:$T \sim t(n)$。

8. F 分布

若随机变量 X 的分布密度为

$$p(x) = \begin{cases} \dfrac{\Gamma\!\left(\dfrac{n_1+n_2}{2}\right) n_1^{\frac{n_1}{2}} n_2^{\frac{n_2}{2}}}{\Gamma\!\left(\dfrac{n_1}{2}\right)\Gamma\!\left(\dfrac{n_2}{2}\right)} \cdot \dfrac{x^{\frac{n_1}{2}-1}}{(n_1 x + n_2)^{\frac{n_1+n_2}{2}}} & x > 0 \\ \\ 0 & x \leqslant 0 \end{cases} ,\; n_1, n_2 \text{ 为正整数,则称 } X \text{ 服从第}$$

一自由度为 n_1,第二自由度为 n_2 的 F 分布,记为:$X \sim F(n_1, n_2)$。

5.2.2　概率密度函数值

如果存在一非负可积函数 $p(x) \geqslant 0$,使对于任意实数 $a \leqslant b$,连续型随机变量 X 在区间 (a,b) 上取值的概率为 $P\{a < X < b\} = \int_a^b p(x)\mathrm{d}x$,则函数 $p(x)$ 称作随机变量 X 的概率密度函数. 在 MATLAB 中,$p(x)$ 在某个点 x 处的值的计算和离散型随机变量一样,既可以用通用函数也可以用专用函数来计算。

1. 利用通用函数 pdf 计算概率密度函数值

函数 pdf 的格式在第 5.1.2 节已经介绍,当用来处理连续型分布时,参数 name 的取值,如表 5.1 所示。

表 5.1　通用函数密度函数中参数 name 取值表

name	功　能	name	功　能
unif	均匀分布密度函数	beta	β 分布
exp	指数分布密度函数	chi2	卡方(χ^2)分布
norm	正态分布密度函数	t 或 T	t 分布
gam	Γ 分布密度函数	f 和 F	F 分布密度函数

2．利用专用函数计算概率密度函数值

连续型随机变量计算概率密度函数值的 MATLAB 专用函数，如表 5.2 所示。

表 5.2　专用函数概率密度函数表

函数名	调用形式	功　能
unifpdf	unifpdf(x,a,b)	$[a,b]$均匀分布概率密度在 $X=x$ 处的函数值
exp pdf	exp pdf(x,Lambda)	指数分布概率密度在 $X=x$ 处的函数值
normpdf	normpdf$(x,\text{mu},\text{sigma})$	正态分布概率密度在 $X=x$ 处的函数值
chi2pdf	chi2pdf(x,n)	卡方分布概率密度在 $X=x$ 处的函数值
tpdf	tpdf(x,n)	t 分布概率密度在 $X=x$ 处的函数值
fpdf	fpdf(x,n_1,n_2)	F 分布概率密度在 $X=x$ 处的函数值
gampdf	gampdf(x,a,b)	Γ 分布概率密度在 $X=x$ 处的函数值
betapdf	betapdf(x,a,b)	β 分布概率密度在 $X=x$ 处的函数值
lognpdf	lognpdf$(x,\text{mu},\text{sigma})$	对数正态分布概率密度在 $X=x$ 处的函数值
nbinpdf	nbinpdf(x,R,P)	负二项分布概率密度在 $X=x$ 处的函数值
ncfpdf	ncfpdf(x,n_1,n_2,delta)	非中心 F 分布概率密度在 $X=x$ 处的函数值
nctpdf	nctpdf(x,n,delta)	非中心 t 分布概率密度在 $X=x$ 处的函数值
ncx2pdf	ncx2pdf(x,n,delta)	非中心卡方分布概率密度在 $X=x$ 处的函数值

例 5.2.1　计算正态分布 $N(0,1)$在点 0.7733 的概率密度值 p。

解：MATLAB 命令如下：

```
clear;clc;
p = pdf('norm',0.7733,0,1)      % 利用通用函数
p1 = normpdf(0.7733,0,1)        % 利用专用函数
```

运行结果为

```
p =
    0.2958
p1 =
    0.2958
```

两者计算结果完全相同。

5.2.3　累积概率函数值(分布函数)

连续型随机变量的累积概率函数值是指随机变量 $X\leqslant x$ 的概率之和，即：

$$P\{X \leqslant x\} = \int_{-\infty}^{x} p(t)\,\mathrm{d}t$$

也就是连续型随机变量的分布函数 $F(x)$,和离散型随机变量的分布函数一样,$F(x)$ 既可以用通用函数,也可用专用函数来计算。利用这些函数还可以计算随机变量落在某个区间上的概率。

1. 利用通用函数 cdf 计算累积概率值

函数 cdf 的使用格式在第 5.1.2 节也已经介绍,此时参数.name 的取值如表 5.1 所示。

2. 利用专用函数计算累积概率值

将表 5.2 中的函数名 pdf 改为 cdf,就是计算累计概率值的专用函数,其用与计算概率密度函数值的专用函数一致,这里举例说明,其余就不一一赘述了。

如计算正态分布的累积概率值的专用函数为 normcdf$(x,\mathrm{mu},\mathrm{sigma})$,其显示结果为 $F(x) = \int_{-\infty}^{x} p(t)\,\mathrm{d}t$ 的值。

例 5.2.2　某公共汽车站从上午 7:00 起每 15 分钟来一班车。若某乘客在7:00 到 7:30 间的任何时刻到达此站是等可能的,试求他候车的时间不到 5 分钟的概率 p。

解:设乘客 7 点过 X 分钟到达此站,则 X 在$[0,30]$内服从均匀分布,当且仅当他在时间间隔$(7:10,7:15)$或$(7:25,7:30)$内到达车站时,候车时间不到 5 分钟。故其概率为

$$p = P\{10 < X < 15\} + P\{25 < X < 30\}$$

MATLAB 命令如下:

```
clear;clc;
format rat
p1 = unifcdf(15,0,30) - unifcdf(10,0,30);
p2 = unifcdf(30,0,30) - unifcdf(25,0,30);
p = p1 + p2
```

运行结果为

```
p =
        1/3
```

例 5.2.3　设 $X \sim N(3,2^2)$,求 $p1 = P\{2 < X < 5\}$,$p2 = P\{-4 < X < 10\}$,$p3 = P\{|X| > 2\}$,$p4 = P\{X > 3\}$。

解:MATLAB 命令如下:

```
clear;clc;
p1 = normcdf(5,3,2) - normcdf(2,3,2)
p2 = normcdf(10,3,2) - normcdf(-4,3,2)
p3 = 1 - normcdf(2,3,2) + normcdf(-2,3,2)
p4 = 1 - normcdf(3,3,2)
```

运行结果为:

```
p1 =
    0.5328
p2 =
    0.9995
p3 =
    0.6977
p4 =
    0.5000
```

例 5.2.4 设随机变量 X 的概率密度为

$$p(x) = \begin{cases} \dfrac{c}{\sqrt{1-x^2}} & |x| < 1 \\ 0 & |x| \geqslant 1 \end{cases}$$

(1) 确定常数 c;

(2) 求 X 落在区间 $\left(-\dfrac{1}{2}, \dfrac{1}{2}\right)$ 内的概率 p;

(3) 求 X 的分布函数 $F(x)$。

解:(1) MATLAB 命令如下:

```
clear;clc;
syms c x
px = c/sqrt(1 - x^2);
Fx = int(px,x, - 1,1)
```

运行结果为:

```
Fx =
    pi * c
```

由 $\pi c = 1$ 得 $c = 1/\pi$。

(2) MATLAB 命令如下:

```
clear;clc;
syms x
c = '1/pi';
px = c/sqrt(1 - x^2);
format rat
p1 = int(px,x, - 1/2,1/2)
```

运行结果为:

```
p1 =
    1/3
```

（3）MATLAB 命令如下：

```
clear;clc;
syms x t
c = '1/pi';
pt = c/sqrt(1 - t^2);
Fx = int(pt,t, - 1,x);
Fx = simple(Fx)
```

运行结果为

```
Fx =
    asin(x)/pi + 1/2
```

所以 X 的分布函数为：$F(x)=\begin{cases}0 & x<0 \\ \dfrac{\arcsin x}{\pi}+\dfrac{1}{2} & -1\leqslant x<1 \\ 1 & x\geqslant 1\end{cases}$

例 5.2.5　设 $\ln X \sim N(1,2^2)$，求 $P\{\dfrac{1}{2}<X<2\}$。

解：利用对数正态分布累积专用函数，MATLAB 命令如下：

```
p = logncdf(2,1,2) - logncdf(1/2,1,2)
```

运行结果为

```
p =
    0.2404
```

5.2.4　逆累积概率值

已知分布和分布中的一点，求此点处的概率值要用到累积概率函数 cdf，当已知概率值而需要求对应概率的分布点时，就要用到逆累积概率函数 icdf，icdf 返回某给定概率值下随机变量 X 的临界值，实际上就是函数 cdf 的逆函数，在假设检验中经常用到。

即：已知 $F(x)=P\{X\leqslant x\}$，求 x。

逆累积概率值的计算有下面两种方法。

1. 通用函数 icdf

函数 icdf 的常用一般调用格式为

$$\text{icdf('name',}p,a_1,a_2,a_3)$$

返回分布为 name，参数为 a_1,a_2,a_3 累积概率值为 p 的临界值，这里 name 与前面相同。

如 $p=\text{cdf('name',}x,a_1,a_2,a_3)$，则 $x=\text{icdf('name',}p,a_1,a_2,a_3)$。

例 5.2.6 设 $X \sim N(3, 2^2)$，确定 c，使得 $P\{X>c\} = P\{X<c\}$。

解：若要 $P\{X>c\} = P\{X<c\}$，只需 $P\{X>c\} = P\{X<c\} = 0.5$

MATLAB 命令如下：

```
c = icdf('norm',0.5,3,2)
```

运行结果为

```
c =
      3
```

例 5.2.7 在假设检验中，求临界值问题。已知 $\alpha = 0.05$，查自由度为 10 的双边界检验 t 分布临界值。

解：MATLAB 命令如下：

```
t0 = icdf('t',0.025,10)
```

运行结果为

```
t0 =
    - 2.2281
```

2. 专用函数

MATLAB 中专用临界值函数，如表 5.3 所示。

表 5.3　常用临界值函数表

函数名	调用形式	功　能
unifinv	$x = \text{unifinv}(p, a, b)$	$[a, b]$ 上均匀分布逆累积分布函数
expinv	$x = \text{expinv}(p, \text{lambda})$	指数逆累积分布函数
norminv	$x = \text{norminv}(p, \text{mu}, \text{sigma})$	正态逆累积分布函数
chi2inv	$x = \text{chi2inv}(p, n)$	卡方逆累积分布函数
tinv	$x = \text{tinv}(p, n)$	T 分布逆累积分布函数
finv	$x = \text{finv}(p, n_1, n_2)$	F 分布逆累积分布函数
gaminv	$x = \text{gaminv}(p, a, b)$	Γ 分布逆累积分布函数
betainv	$x = \text{betainv}(p, a, b)$	β 分布逆累积分布函数
logninv	$x = \text{logninv}(p, \text{mu}, \text{sigma})$	对数逆累积分布函数
ncfinv	$x = \text{ncfinv}(p, n_1, n_2, \text{delta})$	非中心 F 分布逆累积分布函数
nctinv	$x = \text{nctinv}(p, n, \text{delta})$	非中心 T 分布逆累积分布函数
ncx2inv	$x = \text{ncx2inv}(p, n, \text{delta})$	非中心卡方逆累积分布函数

如 $\text{norminv}(p, \text{mu}, \text{sigma})$ 为正态逆累积分布函数，返回临界值。

例 5.2.8　公共汽车门的高度是按成年男子与车门顶碰头的机会不超过 1% 设计的。设男子身高 X（单位：cm）$\sim N(175,36)$，求车门的最低高度。

解：设 h 为车门高度，X 为男子身高，求满足条件 $P\{X>h\}\leqslant 0.01$ 的 h，即 $P\{X<h\}\geqslant 0.99$。MATLAB 命令如下：

```
h = norminv(0.99,175,6)
```

运行结果为

```
h =
    188.9581
```

例 5.2.9　设二维随机向量 (X,Y) 的联合密度为

$$p(x,y)=\begin{cases} \mathrm{e}^{-(x+y)} & x\geqslant 0,y\geqslant 0 \\ 0 & \text{其他} \end{cases}$$

求：(1) $p1=P\{0<X<1,0<Y<1\}$；

(2) (X,Y) 落在 $x+y=1$，$x=0$，$y=0$ 所围成区域 G 内的概率 $p2$。

解：MATLAB 命令如下：

```
clear;clc;
syms x y
f = exp( - x - y);
p1 = int(int(f,y,0,1),x,0,1);
p2 = int(int(f,y,0,1 - x),x,0,1);
p1 = eval(p1)
p2 = eval(p2)
```

运行结果为

```
p1 =
     0.3996
p2 =
     0.2642
```

习　题　5.2

1. 乘客到车站候车时间 $X\sim U(0,6)$，计算 $P(1<X\leqslant 3)$。

2. 某元件寿命 X 服从参数为 $\lambda(\lambda=1000^{-1})$ 的指数分布。求 3 个这样的元件使用 1000 小时后，都没有损坏的概率是多少？

3. 某厂生产一种设备，其平均寿命为 10 年，标准差为 2 年。如该设备的寿命服从正态分布，求寿命不低于 9 年的设备占整批设备的比例？

5.3 一维随机变量的数字特征

随机变量的数字特征是概率统计学的重要内容。在对随机变量的研究中,如果对随机变量的分布不需要作全面的了解,那么只需要知道它在某一方面的特征就够了。这些特征就是随机变量的数字特征。

5.3.1 数学期望

1. 离散型随机变量 X 的期望计算

数学期望是随机变量的所有可能取值乘以相应的概率值之和,即

$$EX = \sum_{k=1}^{\infty} x_k p_k$$

式中, p_k 是对应于 x_k 的概率,即权重。

$p_k = \dfrac{1}{n}$ 是常用的情况。给定一组样本值 $x = [x_1, x_2, \cdots, x_n]$

$$EX = \frac{1}{n} \sum_{k=1}^{\infty} x_k$$

此时,数学期望称为样本均值。

MATLAB 中计算数学期望可利用 sum 和 mean 函数来完成。sum 函数的使用一般调用格式为

$$\mathrm{sum}(X)$$

若 X 为向量,则返回 X 中的各元素之和;若 X 为矩阵,则返回 X 中各列元素之和,即返回一个行向量。

mean 函数的使用一般调用格式为

$$\mathrm{mean}(X)$$

若 X 为向量,则返回 X 中的各元素的算术平均值;若 X 为矩阵,则返回 X 中各列元素的算数平均值,即返回一个行向量。

例 5.3.1 设随机变量 X 的分布律为

X	-2	-1	0	1	2
p	0.3	0.1	0.2	0.1	0.3

求 $EX, E(X^2 - 1)$。

解:MATLAB 命令如下:

```
clear;clc;
X=[-2,-1,0,1,2];
```

```
p = [0.3,0.1,0.2,0.1,0.3];
EX = sum(X. * p)
Y = X.^2 - 1;
EY = sum(Y. * p)
```

运行结果为

```
EX =
     0
EY =
    1.6000
```

例 5.3.2　随机抽取 6 个滚珠测得直径如下:(单位:mm)

$$14.70\quad 15.21\quad 14.90\quad 14.91\quad 15.32\quad 15.32$$

试求样本均值。

解:MATLAB 命令如下:

```
x = [14.70,15.21,14.90,14.91,15.32,15.32];
mean(x)
```

运行结果为

```
ans =
    15.0600
```

2. 连续型随机变量的期望

若随机变量 X 的概率密度为 $p(x)$,则 X 的期望为

$$EX = \int_{-\infty}^{+\infty} xp(x)\mathrm{d}x$$

若下式右端积分绝对收敛,则随机变量函数 $f(X)$ 的期望为

$$Ef(X) = \int_{-\infty}^{+\infty} f(x)p(x)\mathrm{d}x$$

例 5.3.3　已知随机变量 X 的概率密度

$$p(x) = \begin{cases} 3x^2 & 0 < x < 1 \\ 0 & 其他 \end{cases}$$

求 EX 和 $E(4X-1)$。

解:MATLAB 命令如下:

```
clear;clc;
syms x
px = 3 * x^2;
EX = int(x * px,0,1);
```

```
EY = int((4 * x - 1) * px,0,1);
EX = eval(EX),EY = eval(EY)
```
运行结果为
```
EX =
    0.7500
EY =
    2
```

例 5.3.4 设随机变量 X 的概率密度为

$$p(x) = \frac{1}{2}e^{-|x|}, \qquad -\infty < x < \infty$$

求 EX。

解：MATLAB 命令如下：
```
clear;clc;
syms x
px = 1/2 * exp( - abs(x));
EX = int(x * px, - inf,inf);EX = eval(EX)
```
运行结果为
```
EX =
    0
```

5.3.2 方差

方差是随机变量的偏差平方的期望，计算公式为
$$DX = E(X - EX)^2 = EX^2 - (EX)^2$$

标准差：$\sigma(X) = \sqrt{DX}$

对于样本 $x = [x_1, x_2, \cdots, x_n]$，有

样本方差：$S^2 = \dfrac{1}{n-1}\sum_{i=1}^{n}(x_i - \bar{x})^2$

样本标准差：$S = \sqrt{\dfrac{1}{n-1}\sum_{i=1}^{n}(x_i - \bar{x})^2}$

（一）离散型随机变量的方差

1. 方差

在 MATLAB 中用 sum 函数计算，设 X 的分布律为
$$P\{X = x_k\} = p_k, k = 1,2,\cdots$$

则方差 $DX = \text{sum}(X - EX).\hat{\ }2.*p$ 或 $DX = \text{sum}(X.\hat{\ }2.*p) - (EX).\hat{\ }2$

标准差：$\sigma(X) = \sqrt{DX} = \text{sqrt}(DX)$

例 5.3.5　设随机变量 X 的分布律为

X	-2	-1	0	1	2
p	0.3	0.1	0.2	0.1	0.3

求 $DX, D(X^2-1)$。

解: MATLAB 命令如下:

```
clear;clc;
X=[-2:2];
p=[0.3,0.1,0.2,0.1,0.3];
EX=sum(X.*p);
Y=X.^2-1;
EY=sum(Y.*p);
DX=sum(X.^2.*p)-EX.^2
DY=sum(Y.^2.*p)-EY.^2
```

运行结果为

```
DX =
    2.6000
DY =
    3.0400
```

2. 样本方差

设随机变量 X 的样本为 $x=[x_1,x_2,\cdots,x_n]$,由于 X 取 x_i 的概率相同且均为 $1/n$,因此可以用上面的方法计算方差。另一方面,在 MATLAB 中有专门的函数 var 计算样本方差。常用一般调用格式如下:

$\mathrm{var}(X)$　　　$\mathrm{var}(X)=S^2=\dfrac{1}{n-1}\sum\limits_{i=1}^{n}(x_i-\bar{x})^2$,若 X 为向量,则返回向量的样本方差;若 X 为矩阵,则返回矩阵列向量的样本方差构成的行向量。

$\mathrm{var}(X,1)$　　返回向量(矩阵)X 的简单方差(即置前因子为 $1/n$ 的方差)

$\mathrm{var}(X,w)$　　返回向量(矩阵)X 的以 w 为权重的方差

同时,MATLAB 中也有专门计算标准差的函数 std,常用一般调用格式如下:

$\mathrm{std}(X)$　　　　返回向量（矩阵）X 的样本标准差即: $\mathrm{std}(X)=$ $S=\sqrt{\dfrac{1}{n-1}\sum\limits_{i=1}^{n}(x_i-\bar{x})^2}$

$\mathrm{std}(X,1)$　　　返回向量(矩阵)X 的标准差(置前因子为 $1/n$)

$\mathrm{std}(X,0)$　　　与 $\mathrm{std}(X)$ 相同

std(X,flag,dim)　　　返回向量(矩阵)X中维数为 dim 的标准差值,其中flag=0 时,
置前因子为 $1/(n-1)$;否则置前因子为 $1/n$。

例 5.3.6 求下列样本的样本方差和样本标准差,方差和标准差。

$$14.70 \quad 15.21 \quad 14.90 \quad 14.91 \quad 15.32 \quad 15.32$$

解:MATLAB 命令如下:

```
clear;clc;
X = [14.70,15.21,14.90,14.91,15.32,15.32];
DX = var(X,1)            % 方差
sigma = std(X,1)         % 标准差
DX1 = var(X)             % 样本方差
sigma1 = std(X)          % 样本标准差
```

运行结果为

```
DX =
     0.0559
sigma =
     0.2364
DX1 =
     0.0671
sigma1 =
     0.2590
```

(二) 连续型随机变量的方差

利用 $DX = E(X - EX)^2 = EX^2 - (EX)^2$ 求解。

设 X 的概率密度为 $p(x)$

则　　　　$EX = \int_{-\infty}^{+\infty} xp(x)\mathrm{d}x$　　　$DX = \int_{-\infty}^{+\infty} (x - EX)^2 p(x)\mathrm{d}x$

或　　　　$DX = \int_{-\infty}^{+\infty} x^2 p(x)\mathrm{d}x - \left(\int_{-\infty}^{+\infty} xp(x)\mathrm{d}x\right)^2$

在 MATLAB 中,视具体情况选择。

例 5.3.7 设 X 的密度函数为

$$p(x) = \begin{cases} \dfrac{1}{\pi\sqrt{1-x^2}} & |x| < 1 \\ 0 & |x| \geqslant 1 \end{cases}$$

求 $DX, D(2X+1)$。

解:MATLAB 命令如下:

```
clear;clc;
```

```
syms x
px = 1/(pi * sqrt(1 - x^2));
EX = int(x * px, - 1,1);
DX = int(x^2 * px, - 1,1) - EX^2
y = 2 * x + 1;
EY = int(y * px, - 1,1);
DY = int(y^2 * px, - 1,1) - EY^2
```

运行结果为

```
DX =
    1/2
DY =
    2
```

5.3.3　常用分布的期望与方差求法

在 MATLAB 统计工具箱中,用'stat'结尾的函数可以计算给定参数的某种分布的均值和方差,如表 5.4 所示。

表 5.4　期望和方差表

函数名	调用形式	参数说明	函数注释
betastat	$[M,V] =$ betastat(A,B)	M 为期望值,V 为方差值;A,B 为 β 分布参数	β 分布的期望与方差
binostat	$[M,V] =$ binostat(N,p)	N 为试验次数;p 为二项分布概率	二项分布的期望与方差
chi2stat	$[M,V] =$ chi2stat(nu)	nu 为卡方分布参数	卡方分布的期望与方差
expstat	$[M,V] =$ expstat(mu)	mu 为指数分布参数	指数分布的期望与方差
fstat	$[M,V] =$ fstat$(n1,n2)$	$n1,n2$ 为 F 分布的两个自由度	F 分布的期望与方差
gamstat	$[M,V] =$ gamstat(A,B)	A,B 为 Γ 分布的参数	Γ 分布的期望与方差
geostat	$[M,V] =$ geostat(p)	p 为几何分布的几何概率参数	几何分布的期望与方差
hygestat	$[M,V] =$ hygestat(M,K,N)	M,K,N 为超几何分布的参数	超几何分布的期望与方差
lognstat	$[M,V] =$ lognstat$(mu,sigma)$	mu 为对数分布的均值;$sigma$ 为标准差	对数分布的期望与方差

函数名	调用形式	参数说明	函数注释
poisstat	$[M,V]=$poisstat(lambda)	lambda 为 Poisson 分布的参数	Poisson 分布的期望与方差
normstat	$[M,V]=$normstat(mu,sigma)	mu 为正态分布的均值；sigma 为标准差	正态分布的期望与方差
tstat	$[M,V]=$tstat(nu)	nu 为 t 分布的参数	t 分布的期望与方差
unifstat	$[M,V]=$unifstat(a,b)	a,b 为均匀分布的分布区间端点值	均匀分布的期望与方差

有了上面的表格，各函数的用法也就一目了然了，下面举几个例子。

例 5.3.8 求参数为 0.12 和 0.34 的 β 分布的期望和方差。

解：MATLAB 命令如下：

$[m,v]=$betastat(0.12,0.34)

运行结果为

m =

0.2609

v =

0.1321

例 5.3.9 按规定，某型号的电子元件的使用寿命超过 1500 小时为一级品，已知一样品 20 个，一级品率为 0.2。问这样品中一级品元件的期望和方差为多少？

解：分析可知此电子元件中一级品元件分布为二项分布，可使用 binostat 函数求解。MATLAB 命令如下：

$[m,v]=$binostat(20,0.2)

运行结果为

m =

4

v =

3.2000

结果说明一级品元件的期望为 4，方差为 3.2。

例 5.3.10 求参数为 8 的 Poisson 分布的期望和方差。

解：MATLAB 命令如下：

$[m,v]=$poisstat(8)

运行结果为

m =

8

$$v =$$
$$8$$

由此可见 Poisson 分布参数 λ 的值与它的期望和方差是相同的。

习　题　5.3

1. 设有标着 $1,2,3,\cdots,8,9$ 号码的 9 个球放在一个盒子中,从其中有放回地取出 4 个球,重复取 100 次,求所得号码之和 X 的数学期望及其方差。

2. 某厂生产的某种型号的细轴中任取 20 个,测得其直径数据如下(单位:mm):

13.26,13.63,13.13,13.47,13.40,13.56,13.35,13.56,13.38,13.20,

13.48,13.58,13.57,13.37,13.48,13.46,13.51,13.29,13.42,13.69

求以上数据的样本均值与样本方差。

3. 设 X 的概率密度为 $f(x)=\begin{cases} \dfrac{x}{1500^2} & 0 \leqslant x \leqslant 1500 \\[2mm] \dfrac{3000-x}{1500^2}, & 1500 < x < 3000 \\[2mm] 0 & 其他 \end{cases}$,求 $E(X)$ 。

5.4　二维随机变量的数字特征

5.4.1　数学期望

1. 若 (X,Y) 的联合分布律为
$$P\{X=x_i,Y=y_j\}=p_{ij} \quad i=1,2,\cdots;j=1,2,\cdots$$
则 $Z=f(X,Y)$ 的期望为
$$EZ = \mathrm{E}f(X,Y) = \sum_i \sum_j f(x_i,y_j)p_{ij}$$

2. 若 (X,Y) 的联合密度为 $p(x,y)$,则 $Z=f(X,Y)$ 的期望为
$$EZ = \mathrm{E}f(X,Y) = \int_{-\infty}^{+\infty} \int_{-\infty}^{+\infty} f(x,y)p(x,y)\mathrm{d}x\mathrm{d}y$$

3. 若 (X,Y) 的边缘概率密度为 $p_X(x),p_Y(y)$,则
$$EX = \int_{-\infty}^{+\infty} xp_X(x)\mathrm{d}x = \int_{-\infty}^{+\infty} \int_{-\infty}^{+\infty} xp(x,y)\mathrm{d}x\mathrm{d}y$$
$$EY = \int_{-\infty}^{+\infty} yp_Y(y)\mathrm{d}y = \int_{-\infty}^{+\infty} \int_{-\infty}^{+\infty} yp(x,y)\mathrm{d}x\mathrm{d}y$$
$$DX = \int_{-\infty}^{+\infty} (x-EX)^2 p_X(x)\mathrm{d}x = \int_{-\infty}^{+\infty} \int_{-\infty}^{+\infty} (x-EX)^2 p(x,y)\mathrm{d}x\mathrm{d}y$$

$$DY = \int_{-\infty}^{+\infty} (y-EY)^2 p_Y(y) \mathrm{d}y = \int_{-\infty}^{+\infty} \int_{-\infty}^{+\infty} (y-EY)^2 p(x,y) \mathrm{d}x \mathrm{d}y$$

例 5.4.1 设 (X,Y) 的联合分布为

X \ Y	-1	1	2
-1	$\dfrac{5}{20}$	$\dfrac{2}{20}$	$\dfrac{6}{20}$
2	$\dfrac{3}{20}$	$\dfrac{3}{20}$	$\dfrac{1}{20}$

$Z = X - Y$，求 EZ。

解：MATLAB 命令如下：

```
clear;clc;
X = [-1,2];Y = [-1,1,2];
for i = 1:2
    for j = 1:3
        Z(i,j) = X(i) - Y(j);
    end
end                    % 该循环计算 X - Y 的值 Z
p = [5/20,2/20,6/20;3/20,3/20,1/20];
EZ = sum(sum(Z. * p))    % 将 Z 与 p 对应相乘相加
```

运行结果为

```
EZ =
    -0.5000
```

例 5.4.2 射击试验中，在靶平面建立以靶心为原点的直角坐标系，设 X、Y 分别为弹着点的横坐标和纵坐标，它们相互独立且均服从 $N(0,1)$，求弹着点到靶心距离的均值。

解：弹着点到靶心的距离为 $Z = \sqrt{X^2 + Y^2}$，求 EZ。其联合分布密度为

$$p(x,y) = \frac{1}{2\pi} e^{-\frac{1}{2}(x^2+y^2)} \qquad -\infty < x < +\infty, -\infty < y < +\infty$$

MATLAB 命令如下：

```
clear;clc;
syms x y r t
```

```
pxy = 1/(2 * pi) * exp( − 1/2 * (x.^2 + y.^2));
EZ = int(int(r * 1/(2 * pi) * exp( − 1/2 * r^2) * r,r,0,inf),t,0,2 * pi)
% 利用极坐标计算较简单
```

运行结果为

```
EZ  =
    (2^(1/2) * pi^(1/2))/2
```

即 $EZ = \dfrac{\sqrt{2\pi}}{2}$

5.4.2　协方差

对于二维随机向量 (X,Y)，期望 EX、EY 分别反映 X、Y 各自的均值，而方差 DX、DY 也仅仅反映分量 X、Y 对各自均值的离散程度。因此还需要研究 X 与 Y 之间相互联系的程度．协方差是体现这一程度的一个很重要的概念。

设 (X,Y) 是一个二维随机向量，若 $E[(X-EX)(Y-EY)]$ 存在，则称为 X,Y 的协方差，记为 $\text{cov}(X,Y)$ 或 σ_{XY}．即

$$\text{cov}(X,Y) = E[(X-EX)(Y-EY)] = E(XY) - EX * EY$$

特别地：$\text{cov}(X,X) = E[(X-EX)^2] = EX^2 - (EX)^2$

$$\text{cov}(Y,Y) = E[(Y-EY)^2] = EY^2 - (EY)^2$$

MATLAB 提供了求样本协方差的函数：

$\text{cov}(X)$　　　　　　%X 为向量时，返回此向量的方差；X 为矩阵时，返回此矩阵的协方差矩阵，此协方差矩阵对角线元素为 X 矩阵的列向量的方差值。

$\text{cov}(X,Y)$　　　　　%返回 X 与 Y 的协方差，且 X 与 Y 同维。

$\text{cov}(X,0)$　　　　　%返回 X 的样本协方差，置前因子为 $1/(n-1)$ 与 $\text{cov}(X)$ 相同。

$\text{cov}(X,1)$　　　　　%返回 X 的协方差，置前因子为 $1/n$。

$\text{cov}(X,Y)$ 与 $\text{cov}(X,Y,1)$ 的区别同上。

需要注意的是用命令函数 cov 时，X,Y 分别为样本点。

例 5.4.3　设 (X,Y) 的联合密度为

$$p(x,y) = \begin{cases} \dfrac{1}{8}(x+y) & 0 \leqslant x \leqslant 2, 0 \leqslant y \leqslant 2 \\ 0 & \text{其他} \end{cases}$$

求 DX, DY 和 $\text{cov}(X,Y)$。

解：$EX = \displaystyle\int_{-\infty}^{+\infty} x p_X(x)\mathrm{d}x = \int_{-\infty}^{+\infty}\int_{-\infty}^{+\infty} x p(x,y)\mathrm{d}x\mathrm{d}y$

$$EY = \int_{-\infty}^{+\infty} y p_Y(y)\mathrm{d}y = \int_{-\infty}^{+\infty}\int_{-\infty}^{+\infty} y p(x,y)\mathrm{d}x\mathrm{d}y$$

MATLAB 命令如下：

```
clear;clc;
syms x y
pxy = 1/8 * (x + y);
EX = int(int(x * pxy,y,0,2),0,2);
EY = int(int(y * pxy,x,0,2),0,2);
EXX = int(int(x^2 * pxy,y,0,2),0,2);
EYY = int(int(y^2 * pxy,x,0,2),0,2);
EXY = int(int(x * y * pxy,x,0,2),0,2);
DX = EXX - EX^2
DY = EYY - EY^2
DXY = EXY - EX * EY          % 计算 cov(X,Y)
```

运行结果为

```
DX =
    11/36
DY =
    11/36
DXY =
    - 1/36
```

例 5.4.4 求向量 $a = [1 \quad 2 \quad 1 \quad 2 \quad 2 \quad 1]$ 的协方差。

解:MATLAB 命令如下：

```
a = [1,2,1,2,2,1]; cov(a)
```

运行结果为

```
ans =
    0.3000
```

例 5.4.5 生成一个 2×6 的随机矩阵，计算其协方差。

解:MATLAB 命令如下：

```
clear;clc;
d = rand(2,6),cov1 = cov(d)
```

运行结果为

```
d =
    0.9572    0.8003    0.4218    0.7922    0.6557    0.8491
    0.4854    0.1419    0.9157    0.9595    0.0357    0.9340
cov1 =
    0.1113    0.1553    - 0.1165    - 0.0395    0.1463    - 0.0200
    0.1553    0.2167    - 0.1626    - 0.0551    0.2041    - 0.0279
```

− 0.1165	− 0.1626	0.1220	0.0413	− 0.1531	0.0210
− 0.0395	− 0.0551	0.0413	0.0140	− 0.0519	0.0071
0.1463	0.2041	− 0.1531	− 0.0519	0.1922	− 0.0263
− 0.0200	− 0.0279	0.0210	0.0071	− 0.0263	0.0036

5.4.3　相关系数

相关系数是体现随机变量 X 和 Y 相互联系程度的量。

设 (X,Y) 的协方差为 $\mathrm{cov}(X,Y)$，且 $DX>0, DY>0$，则称 $\dfrac{\mathrm{cov}(X,Y)}{\sqrt{DX}\sqrt{DY}}$ 为 X 与 Y 的相关系数，记为 ρ_{XY}. 当 $\rho_{XY}=0$ 时，称 X 与 Y 不相关。

MATLAB 提供了求样本相关系数的函数。

corrcoef(X,Y)　　　　　%返回列向量 X,Y 的相关系数。

corrceof(X)　　　　　　%返回矩阵 X 的列向量的相关系数矩阵。

例 5.4.6　设 (X,Y) 的联合分布律为

X＼Y	−1	1	2
−1	$\dfrac{5}{20}$	$\dfrac{2}{20}$	$\dfrac{6}{20}$
2	$\dfrac{3}{20}$	$\dfrac{3}{20}$	$\dfrac{1}{20}$

求 X 与 Y 的协方差 σ_{XY} 及相关系数 ρ_{XY}。

解：MATLAB 命令如下：

```
clear;clc;
format rat                          % 有理格式输出,避免计算误差太大
X = [ - 1,2];Y = [ - 1,1,2];
pxy = [5/20,2/20,6/20;3/20,3/20,1/20];     % X、Y 的联合分布
px = sum(pxy);py = sum(pxy);               % 分别求 X、Y 的边缘分布
EX = sum(X. * px);EY = sum(Y. * py);
EXX = sum(X.^2. * px);EYY = sum(Y.^2. * py);
DX = EXX - EX^2;DY = EYY - EY^2;
XY = [1, - 1, - 2; - 2,2,4];               % XY 的取值
EXY = sum(sum(XY. * pxy));
DXY = EXY - EX * EY;                        % X 与 Y 的协方差
format short
```

```
rho = DXY/sqrt(DX * DY)                          % 相关系数
```
运行结果为
```
rho =
   - 0.1467
```

例 5.4.7 设 (X,Y) 在单位圆 $G=\{(x,y)\,|\,x^2+y^2\leqslant1\}$ 上服从均匀分布,即有联合密度

$$p(x,y)=\begin{cases}\dfrac{1}{\pi} & x^2+y^2\leqslant1\\[2mm]0 & x^2+y^2>1\end{cases}$$

求 $\sigma_{XX},\sigma_{XY},\sigma_{YY},\rho_{XY}$。

解: $EX=\iint\limits_{G}xp(x,y)\mathrm{d}x\mathrm{d}y=\iint\limits_{G}r\cos\theta\cdot p(x,y)r\mathrm{d}r\mathrm{d}\theta$

MATLAB命令如下:

```
clear;clc;
syms x y r t
pxy = '1/pi';          % 若'1/pi'不加单引号,其结果表达式将较繁
EX = int(int(r^2 * cos(t) * pxy,r,0,1),0,2 * pi);
EY = int(int(r^2 * sin(t) * pxy,r,0,1),0,2 * pi);
EXX = int(int(r^3 * cos(t)^2 * pxy,r,0,1),0,2 * pi);
EYY = int(int(r^3 * sin(t)^2 * pxy,r,0,1),0,2 * pi);
EXY = int(int(r^3 * cos(t) * sin(t) * pxy,r,0,1),0,2 * pi);
DX = EXX - EX^2,
DY = EYY - EY^2,
DXY = EXY - EX * EY,
rho = DXY/sqrt(DX * DY)
```
运行结果为
```
DX =
   1/4
DY =
   1/4
DXY =
   0
rho =
   0
```

习　题　5.4

1. 设随机变量 (X,Y) 的概率密度函数为

$$f(x,y)=\begin{cases}\mathrm{e}^{-y}, & 0<x<1,y>0\\ 0, & \text{其他}\end{cases}$$

求 $E(X),E(Y),\mathrm{COV}(X,Y)$ 和 $\rho(X,Y)$。

5.5　统计直方图

MATLAB 中,有绘制统计直方图的函数 hist 和 rose,具体一般调用格式如下:

  hist(X,n)   %直角坐标系下的统计直方图

式中 X 为统计数据,n 表示直方图的区间数,默认值 $n=10$。

  rose(theta,n) %极坐标系下角度直方图

式中,n 是在 $[0,2\pi]$ 范围内所分区域数,缺省值 $n=20$;theta 为指定的弧度数据。

例 5.5.1　某食品厂为加强质量管理,对生产的罐头重量 X 进行测试,在某天生产的罐头中抽取了 100 个,其重量测试数据记录如下:

342	340	348	346	343	342	346	341	344	348
346	346	340	344	342	344	345	340	344	344
343	344	342	343	345	339	350	337	345	349
336	348	344	345	332	342	342	340	350	343
347	340	344	353	340	340	356	346	345	346
340	339	342	352	342	350	348	344	350	335
340	338	345	345	349	336	342	338	343	343
341	347	341	347	344	339	347	348	343	347
346	344	345	350	341	338	343	339	343	346
342	339	343	350	341	346	341	345	344	342

试根据以上数据做出 X 的频率直方图。

解:MATLAB 命令如下:

$X=$ [342 340 348 346 343 342 346 341 344 348 …

 346 346 340 344 342 344 345 340 344 344 …

 343 344 342 343 345 339 350 337 345 349 …

 336 348 344 345 332 342 342 340 350 343 …

 347 340 344 353 340 340 356 346 345 346 …

 340 339 342 352 342 350 348 344 350 335 …

```
340  338  345  345  349  336  342  338  343  343  …
341  347  341  347  344  339  347  348  343  347  …
346  344  345  350  341  338  343  339  343  346  …
342  339  343  350  341  346  341  345  344  342];
hist(X,13)
```
结果为

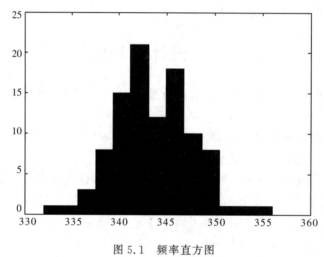

图 5.1　频率直方图

习　题　5.5

　　1. 生成 1000 个在区间 $(3,4)$ 服从连续均匀分布的随机数,对其取值范围等分 20 个区间,绘制直方图。

　　2. 生成 1000 个在区间服从均值为 1.3,标准差为 0.7 的正态分布的随机数,对其取值范围等分 20 个区间,绘制直方图。

5.6　参　数　估　计

　　通常,一个随机变量的分布可由某些参数决定,但在实际问题中要想知道一个分布的参数的精确值是很困难的,因此,需要对这些参数的取值做出估计。参数估计就是通过随机样本去估计参数的取值以及参数的取值范围。

　　MATLAB 的统计工具箱中采用极大似然法给出了常用概率分布参数的点估计和区间估计值。另外还提供了部分分布的对数似然函数的计算功能。

5.6.1　点估计

点估计是用样本去估计总体参数取值的大小,这里有两种常用方法:样本数字特征法和矩估计法。

1. 样本数字特征法

用样本均值 $\bar{x} = \frac{1}{n}\sum_{i=1}^{n}x_i$ 作为总体均值 EX 的估计值;用样本方差 $S^2 = \frac{1}{n-1}\sum_{i=1}^{n}(x_i - \bar{x})^2$ 作为总体方差 DX 的估计值。在 MATLAB 中,有样本 $x = [x_1, x_2, \cdots, x_n]$,则样本均值为

$$mx = 1/n * \mathrm{sum}(x)$$

样本方差为

$$S^2 = 1/(n-1) * \mathrm{sum}((x - mx).\,\hat{}\,2)$$

2. 矩估计法

这里主要介绍总体为正态分布的参数 μ, σ^2 的矩估计. 设 $X \sim N(\mu, \sigma^2)$, $X_1, X_2, \cdots, X_n$ 为其样本,则 μ, σ^2 的矩估计量分别为

$$\hat{\mu} = \frac{1}{n}\sum_{i=1}^{n}x_i = \bar{x}, \hat{\sigma^2} = \frac{1}{n}\sum_{i=1}^{n}(x_i - \bar{x})^2$$

在 MATLAB 中,有样本 $x = [x_1, x_2, \cdots, x_n]$,则样本均值为

$$mx = 1/n * \mathrm{sum}(x)$$

样本方差为

$$\mathrm{sigma} = 1/n * \mathrm{sum}((x - mx).\,\hat{}\,2)$$

5.6.2　最大似然估计法

MATLAB 统计工具箱中给出了最大似然法估计常用概率分布的参数点估计和区间估计值函数,还提供了部分分布的对数似然函数的计算功能。

1. 常用分布的参数估计函数

表 5.5　参数似然估计函数表

函数名	调用形式	功能
binofit	binofit(X, N) $[\mathrm{PHAT, PCI}] = \mathrm{binofit}(X, N, \mathrm{ALPHA})$	二项分布的最大似然估计;返回 α 水平的参数估计和置信区间
poissfit	poissfit(X) $[\mathrm{LAMBDAHAT, LAMBDACI}] = \mathrm{poissfit}(X)$	泊松分布的最大似然估计;返回 α 水平的 λ 参数和置信区间
normfit	normfit(X, ALPHA) $[\mathrm{MUHAT, SIGMAHAT, MUCI, SIGMACI}] = \mathrm{normfit}(X, \mathrm{ALPHA})$	正态分布的最大似然估计;返回 α 水平的期望、方差和置信区间

函数名	调用形式	功能
betafit	betafit(X) [PHAT,PCI]＝betafit(X,ALPHA)	β 分布的最大似然估计 返回最大似然估计值和 α 水平的置信区间
unifit	unifit(X,ALPHA) [AHAT,BHAT,ACI,BCI]＝unifit(X,AL-PHA)	均匀分布的最大似然估计；返回 α 水平的参数估计和置信区间
expfit	expfit(X) [MUHAT,MUCI]＝expfit(X,ALPHA)	指数分布的最大似然估计；返回 α 水平的参数估计和置信区间
gamfit	gamfit(X) [PHAT,PCI]＝gamfit(X,ALPHA)	Γ 分布的最大似然估计；返回最大似然估计值和 α 水平的置信区间
weibfit	weibfit(DATA,ALPHA) [PHAT,PCI]＝weibfit(DATA,ALPHA)	韦伯分布的最大似然估计； 返回 α 水平的参数及其区间估计
mle	PHAT＝mle(DIST,DATA) [PHAT,PCI]＝mle(DIST,DATA,ALPHA,PI)	DIST 分布的最大似然估计；返回最大似然估计值和 α 水平的置信区间

表中各函数返回已给数据向量的参数最大似然估计值和置信度为 $(1-\alpha)\times100\%$ 的置信区间。α 的默认值为 0.05，即置信度为 95%。在 mle 函数中，参数 dist 可为各种分布函数名,可实现各分布的最大似然估计。

说明：dist 可为各种分布函数名,如 beta(β 分布)、bino（二项分布),X 为数据样本,alpha 为显著水平 α,$(1-\alpha)\times100\%$ 为置信度。

例 5.6.1 随机产生 100 个 β 分布数据,相应的分布参数真值为 4 和 3。求 4 和 3 的最大似然估计值和置信度为 99% 的置信区间。

解：MATLAB 命令如下：

```
clear;clc;
X = betarnd(4,3,100,1)    %随机产生 100 个 beta 分布数据,参数为 4 和 3
[phat,pci] = betafit(X,0.01)
```

运行结果为

X =   % 这些数据只有一列,这里为了节约版面而改为 4 列数据(使用矩阵
      重置命令 reshape(X,25,4))

0.6572	0.3726	0.8680	0.3115
0.4739	0.5129	0.3555	0.7187

```
          0.6815      0.5018      0.5035      0.7790
          0.5355      0.4864      0.6423      0.4040
          0.5164      0.8185      0.3170      0.8035
          0.9797      0.5021      0.8658      0.7819
          0.3138      0.5507      0.5148      0.6579
          0.2199      0.2830      0.5867      0.6938
          0.5517      0.5919      0.6167      0.8331
          0.8365      0.9723      0.3489      0.6888
          0.3666      0.8998      0.3846      0.5968
          0.6466      0.2767      0.7871      0.8469
          0.7041      0.2598      0.3414      0.5032
          0.5270      0.3386      0.4519      0.4632
          0.4552      0.4394      0.5447      0.4722
          0.6959      0.3822      0.7779      0.2967
          0.8521      0.5441      0.3105      0.6622
          0.7363      0.5761      0.3529      0.7301
          0.8301      0.8248      0.8261      0.5595
          0.8452      0.6455      0.6579      0.4570
          0.5904      0.5024      0.7106      0.6201
          0.4279      0.5761      0.7785      0.5393
          0.6872      0.6544      0.1914      0.6691
          0.6300      0.3842      0.6614      0.3210
          0.8447      0.6909      0.8759      0.2965
   phat =
          3.3034      2.3337
   pci =
          2.2174      1.6905
          4.9213      3.2217
```

上述运行结果中数据 3.3034 和 2.3337 为参数 4 和 3 的估计值；pci 的第 1 列为参数 4 的置信区间，第 2 列为参数 3 的置信区间。随机产生的数据不同，其估计值和置信区间就不一样。

例 5.6.2　设某种油漆的 9 个样品，其干燥时间（以小时计）分别为

$$6.0 \quad 5.7 \quad 5.8 \quad 6.5 \quad 7.0 \quad 6.3 \quad 5.6 \quad 6.1 \quad 5.0$$

设干燥时间总体服从正态分布 $N(\mu, \sigma^2)$，求 μ 和 σ 的置信度为 0.95 的置信区间（σ 未知）。

解:MATLAB 命令如下:

```
clear;clc;
X = [6.0,5.7,5.8,6.5,7.0,6.3,5.6,6.1,5.0];
[muhat,sigmahat,muci,sigmaci] = normfit(X,0.05)
```

运行结果为

```
muhat =
       6               % μ 的最大似然估计值
sigmahat =
       0.5745          % σ 的最大似然估计值
muci =
       5.5584
       6.4416          % μ 的置信区间
sigmaci =
       0.3880
       1.1005          % σ 的置信区间
```

此时 μ 的最大似然估计值为 6,置信区间为 $[5.5584,6.4416]$;σ 的最大似然估计值为 0.5745,置信区间为 $[0.3880,1.1005]$。

例 5.6.3 分别使用金球和铂球测定引力常数

(1)用金球测定观察值为: 6.683 6.681 6.676 6.678 6.679 6.672

(2)用铂球测定观察值为: 6.661 6.661 6.667 6.667 6.664

设测定值总体服从 $N(\mu,\sigma^2)$,μ 和 σ 为未知。对(1)(2)两种情况分别求 μ 和 σ 为的置信度为 0.9 的置信区间。

解:MATLAB 命令如下:

```
clear;clc;
j = [6.683,6.681,6.676,6.678,6.679,6.672];
b = [6.661,6.661,6.667,6.667,6.664];
[muhat,sigmahat,muci,sigmaci] = normfit(j,0.1)      %金球测定的估计
[muhat1,sigmahat1,muci1,sigmaci1] = normfit(b,0.1)  %铂球测定的估计
```

运行结果为

```
muhat =
       6.6782
sigmahat =
       0.0039
muci =
       6.6750
       6.6813
```

```
sigmaci =
    0.0026
    0.0081
muhat1 =
    6.6640
sigmahat1 =
    0.0030
muci1 =
    6.6611
    6.6669
sigmaci1 =
    0.0019
    0.0071
```

上述结果说明金球测定数据的置信度为 0.9 的 μ 和 σ 置信区间为

$$\mu:[6.6750,6.6813],\sigma:[0.0026,0.0081]$$

铂球测定数据的置信度为 0.9 的 μ 和 σ 置信区间为

$$\mu:[6.6611,6.6669],\sigma:[0.0019,0.0071]$$

2. 对数似然函数

MATLAB 统计工具箱提供了 β 分布,Γ 分布,正态分布和韦伯分布的负对数似然函数值的求取函数。

(1) β 分布负对数似然函数 betalike

β 分布负对数似然函数 betalike 使用一般调用格式如下:

$$logL＝betalike(params,data) 或 [\log L,info]＝betalike(params,data)$$

其中 params 为包含 β 分布的参数 a,b 的矢量 $[a,b]$,data 为服从 β 分布的样本数据,且所有元素相互独立。$\log L$ 为返回的 β 分布负对数似然函数值,其长度与数据 data 的长度相同。info 为 Fisher 信息矩阵,对角线元素为相应参数的渐进方差。

因为 betalike 返回 β 负对数似然函数值,用 fminsearch 函数最小化 betalike 与最大似然估计的功能是相同的。

示例:

```
r = betarnd(4,3,100,1);    % 随机产生的 β 分布数据
[logl,avar] = betalike([3.9010,2.6193],r)
```

输出结果为

```
logl =
    - 44.4332
```

```
avar =
    0.7007    0.3977
    0.3977    0.2757
```

（2）Γ分布的负对数似然函数 gamlike

Γ分布的负对数似然函数 gamlike 使用一般调用格式为

$\log L = $ gamlike(params,data)或 $[\log L, \text{info}] = $ gamlike(params,data)

式中，params 为包含Γ分布的参数 a,b 的矢量 $[a,b]$，data 为服从Γ分布的样本数据。$\log L$ 为返回Γ分布负对数似然函数值，其长度与数据 data 的长度相同。info 为 Fisher 信息矩阵，对角线元素为相应参数的渐进方差。

gamlike 是Γ分布的最大似然估计工具函数. 因为 gamlike 返回Γ负对数似然函数值，故用 fminsearch 函数将 gamlike 最小后，其结果与最大似然估计是相同的。

示例：

```
r = gamrnd(2,3,100,1);
[logL,info] = gamlike([2.1990,2.8069],r)
```

运行结果为

```
logL =
    265.4770
info =
    0.0880   - 0.1135
   - 0.1135    0.1826
```

（3）正态分布的负对数似然函数 normlike

正态分布的负对数似然函数 normlike 的使用一般调用格式为

$$\log L = \text{normlike(params,data)}$$

输入与输出与 betalike 和 gamlike 函数类似，不再赘述。params 参数中，第一个分量为正态分布的参数 mu，第二个为参数 sigma。

（4）weibull 分布的负对数似然函数 weiblike

weibull 分布的负对数似然函数定义为

$$-\log L = -\log \prod_{i=1}^{n} f(a,b \mid x_i) = -\sum_{i=1}^{n} \log f(a,b \mid x_i)$$

在 MATLAB 中，weibull 分布的负对数似然函数使用 weiblike，其一般调用格式为

$\log L = $ weiblike(params,data)或 $[\log L, \text{info}] = $ weiblike(params,data)

参数含义同上。

示例：

```
r = weibrnd(0.5,0.8,100,1);
[logL,info] = weiblike([0.4746,0.7832],r)
```

运行结果为

```
logL =
    213.2731
info =
      0.0054   − 0.0032
    − 0.0032     0.0067
```

习　题　5.6

1. 测得 16 个零件的长度(单位:mm)如下:12.15,12.12,12.01,12.08,12.09, 12.16,12.03,12.01,12.06,12.13,12.07,12.11,12.08,12.01,12.03,12.06,设零件长度服从正态分布,求零件长度的标准差的置信概率为 0.99 的置信区间。

第6章 综合实验

本章将分别介绍线性规划、非线性规划、二次规划、回归分析、随机模拟五个综合实验。通过这些综合实验,学到更多的 MATLAB 命令,体验如何用 MATLAB 软件编程解决实际问题。

6.1 线 性 规 划

在人们的生产实践中,经常会遇到如何利用现有资源来安排生产,以取得最大经济效益的问题。此类问题是运筹学的一个重要分支——数学规划。数学规划问题有三要素:决策变量(问题中需要求解的一些变量)、目标函数(决策变量的函数)、约束条件(决策变量满足的一系列限制条件)。当目标函数和约束条件都是线性函数时,数学规划问题称为线性规划问题,它是数学规划问题中的一个重要分支。

6.1.1 线性规划简介

线性规划的目标函数可以是求最大值,也可以是求最小值,约束条件中的不等式限制有小于约束也有大于约束。为了避免这种形式多样性的不便,规定线性规划的标准形式为

$$\min z = \boldsymbol{c}^T \boldsymbol{x}$$
$$s.t. \quad \boldsymbol{A}\boldsymbol{x} = \boldsymbol{b},$$
$$\boldsymbol{x} \geqslant 0, i = 1, 2, \cdots, n$$

式中,$\boldsymbol{x}$ 为决策,$\boldsymbol{b}$ 为常数向量,$\boldsymbol{x}$ 为非负常数向量,$\boldsymbol{A}$ 为常数矩阵。

线性规划的标准形式要求目标函数最小化,约束条件取等式,变量非负。不符合这几个条件的线性规划问题首先要转化为标准形式。比如当处理极大化问题时需要转化为负的极小化问题处理。线性规划的可行解是满足约束条件的解,线性规划的最优解是使目标函数达到最优的可行解。

线性规划的最常用、最有效的算法之一是单纯形方法,感兴趣的读者可以参考一般的运筹学书籍。这里只介绍线性规划的 MATLAB 解法。

6.1.2 线性规划的 MATLAB 解法

MATLAB 解决线性规划问题的标准形式为

$$\min \boldsymbol{c}^T \boldsymbol{x}$$
$$s.t. \quad \boldsymbol{Ax} \leqslant \boldsymbol{b}$$
$$\boldsymbol{Aeq} \cdot \boldsymbol{x} = \text{beq}$$
$$\boldsymbol{lb} \leqslant \boldsymbol{x} \leqslant \boldsymbol{ub}$$

式中,x,c,b,beq,lb,ub 均为列向量,c 是目标函数中的系数向量,x 是目标函数中的变量,b 是不等式约束右端的值,beq 是等式约束右端的值,lb,ub 分别是变量 x 的下界与上界。A,Aeq 为矩阵,A 是不等式约束左端的系数矩阵,Aeq 是等式约束左边的系数矩阵。

对上述问题的求解,MATLAB 的优化工具箱中提供了一个现成的函数 linprog,它的一般调用格式为

$$[\mathrm{x},\mathrm{fval}] = \mathrm{linprog}(\mathrm{c},\mathrm{A},\mathrm{b},\mathrm{Aeq},\mathrm{beq},\mathrm{lb},\mathrm{ub},\mathrm{options})$$

式中,x 给出极小点,fval 给出极小值,options 是选项,可用 help 命令查到具体用法,当取默认值时此选项可省略。当给定的线性模型中只有等式约束时,则 linprog 中的输入参数 A 和 b 以空矩阵(向量)代替,即输入 []。而当需要输入的空矩阵在输入参数的最末尾时,则可以省略不写。

例 6.1.1 某厂利用 A1,A2 两种原料生产 B1,B2 两种产品。根据以往生产经验,用 5 kg 的 A1 和 8 kg 的 A2 生产 B1 可获利 600 元,用 6 kg 的 A1 和 4 kg 的 A2 生产 B2 可获利 400 元。厂方每天只能获得 380 kg 原料 A1 和 400 kg 原料 A2。问厂方应如何组织生产(即安排生产多少 B1 和多少 B2)可使得获利最大?

解: 这是一个线性规划问题,设计划生产 x_1 kg 的 B1 和 x_2 kg 的 B2,根据已知条件可得到规划问题

$$\max f = 600x_1 + 400x_2$$
$$s.t. \quad \begin{cases} 5x_1 + 6x_2 \leqslant 380 \\ 8x_1 + 4x_2 \leqslant 400 \\ x_1, x_2 \geqslant 0 \end{cases}$$

输入命令

```
clear;clc;
c = -[600,400];
A = [5,6;8,4];b = [380;400];
[x,f] = linprog(c,A,b,[],[],[0;0])
```

结果为

```
x =
    31.4286
    37.1429
f =
    -3.3714e + 004
```

这说明每天安排生产 31.4286 kg 的 B1 和 37.1429 kg 的 B2 可获得最大利润 33714 元。

如果在本问题中还规定产品 B1 和 B2 的生产数量必须是整数公斤,则问题就属于整数规划问题,这类问题的求解可利用 lingo 软件处理。当然,上述例题不做任何改变时,也可以使用 lingo 软件求解,除了求解之外还能够作灵敏度分析。感兴趣的读者可以查阅 lingo 的相关资料。

6.2　非线性规划

6.2.1　非线性规划简介

数学规划问题中,当目标函数或约束条件中含有非线性函数时,则称为非线性规划。一般来说,解非线性规划要比解线性规划问题困难得多,一般只能采取迭代搜索的方法(搜索的技巧有很多)来求最优解(凸问题)或近似最优解(非凸问题)。非线性规划中的凸问题要求目标函数和约束条件都是凸函数。它是非线性规划中一类比较简单而又有重要意义的问题。

这里只介绍几类简单的非线性规划的 MATLAB 解法。

6.2.2　非线性规划的 MATLAB 解法

对于简单的非线性规划,MATLAB 软件提供了几个常用函数求解。

1. fminsearch 函数求无约束多元函数最小值

无约束多元函数最小值的形式如下

$$\min f(\boldsymbol{x})$$

式中,$\boldsymbol{x}$ 为列向量,MATLAB 优化工具箱中的 fminsearch 函数可以求解此类问题,在该书的 4.2 节有该函数的详细介绍。

2. fmincon 函数求有约束多元函数最小值

MATLAB 中处理有约束多元函数最小值的标准形式如下

$$\min f(\boldsymbol{x})$$
$$s.t. \quad \boldsymbol{Ax} \leqslant \boldsymbol{b},$$
$$\boldsymbol{Aeq} \cdot \boldsymbol{x} = \boldsymbol{beq}$$
$$\boldsymbol{C}(\boldsymbol{x}) \leqslant 0$$
$$\boldsymbol{Ceq}(\boldsymbol{x}) = 0$$
$$\boldsymbol{lb} \leqslant \boldsymbol{x} \leqslant \boldsymbol{ub}$$

其中 $\boldsymbol{Ax} \leqslant \boldsymbol{b}$,$\boldsymbol{Aeq} \cdot \boldsymbol{x} = \boldsymbol{beq}$ 是线性约束,$\boldsymbol{C}(\boldsymbol{x}) \leqslant 0$,$\boldsymbol{Ceq}(\boldsymbol{x}) = 0$ 是非线性约束。其余量与线性规划中的量相同。

对上述问题的求解,MATLAB 的优化工具箱中提供了一个现成的函数 fmincon,它的一般调用格式为

$$[x,fval,h]=fmincon(f,x0,A,b,Aeq,beq,lb,ub,@nonlcon)$$

式中,nonlcon 是非线性约束函数,包括等式约束和非等式约束,x0 是迭代初始值。

例 6.2.1　设某地有 7 个镇分别位于坐标 $(2.3,8.2)$,$(4.6,7.4)$,$(4.9,6.2)$,$(6.1,4.4)$,$(7.6,9.2)$,$(8.9,7.9)$,$(9.5,0.2)$ 处(单位:km),图 6.1 中的圆点.各镇每天分别清扫出 $5,6,3,1,3,7,2$ 车垃圾。当地政府考虑集中建一个垃圾处理站,试问建在何处能使每天垃圾车运垃圾所行驶的总路程最短?

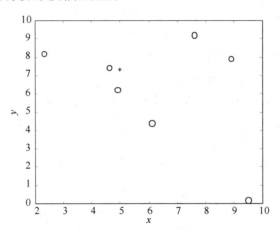

图 6.1　某地各镇分布图

解:容易看出,这是一个非线性无约束的最小化问题.记各镇坐标为 (x_i,y_i),各镇每天清出的垃圾车数为 c_i,设垃圾处理站位于 (x,y),则目标函数是

$$\min z = \sum_{i=1}^{7} c_i \sqrt{(x-x_i)^2 + (y-y_i)^2}$$

建立处理该问题的函数文件,注意垃圾站坐标 (x,y) 应当改写成 $x=(x(1),x(2))$,其中 $x(1)$ 表示 x,$x(2)$ 表示 y.命令如下:

```
function z = lajizhan(x)
a = [2.3,4.6,4.9,6.1,7.6,8.9,9.5];
b = [8.2,7.4,6.2,4.4,9.2,7.9,0.2];
c = [5,6,3,1,3,7,2];
z = sum(c. * sqrt((x(1) - a).^2 + ((x(2) - b).^2)));
```

在命令窗口输入以下命令:

```
[x,val,h] = fminsearch(@lajizhan,[5,5])
```

运行结果为

```
x =
```

```
    4.9705      7.3192
val =
    77.2096
h =
    1
```

$h=1$ 说明结果可靠,垃圾处理站应建在位置$(4.9705,7.3192)$,图 6.1 的"＊"处。

例 6.2.2　求下面问题的最优解,取初始点为$(0,1)$。

$$\min x_1^2 + x_2^2 - x_1 x_2 - 2x_1 - 5x_2$$

$$s.t. \begin{cases} -(x_1-1)2 + x_2 \geqslant 0 \\ -2x_1 + 3x_2 \leqslant 6 \end{cases}$$

解:先建立非线性约束函数文件

```
function [c,ceq] = my62_2(x)
c = (x(1) - 1)^2 - x(2);   % 标准化后的非线性不等式约束的左端函数
ceq = [];                  % 没有非线性等式约束,故以空矩阵表示
```

之后在命令窗口中输入命令

```
fun = 'x(1)^2 + x(2)^2 - x(1) * x(2) - 2 * x(1) - 5 * x(2)'   % 目标函数
x0 = [0,1];
A = [-2,3];b = 6;
[x,fval,h] = fmincon(fun,x0,A,b,[],[],[],[],@my62_2)
```

运行结果为

```
x =
    3    4
fval =
   -13
h =
    1
```

需要注意的是对于稍微复杂的非线性规划问题,MATLAB 往往得不到结果,此时需要采用 lingo 软件求解。

6.3　二 次 规 划

6.3.1　二次规划简介

若某非线性规划的目标函数为自变量的二次函数,约束条件又全是线性的,就称这种规划为二次规划。二次规划也是非线性规划,但是它有较好的性质和较好的搜索方法。

6.3.2 二次规划的 MATLAB 解法

MATLAB 解决二次规划问题的标准形式为

$$\min \frac{1}{2}\boldsymbol{x}^T\boldsymbol{H}\boldsymbol{x}+\boldsymbol{c}^T\boldsymbol{x}$$

$$s.\,t. \quad \boldsymbol{A}\boldsymbol{x}\leqslant\boldsymbol{b},$$
$$\boldsymbol{Aeq}\cdot\boldsymbol{x}=\boldsymbol{beq}$$
$$\boldsymbol{lb}\leqslant\boldsymbol{x}\leqslant\boldsymbol{ub}$$

式中,$\boldsymbol{H}$ 是目标函数中二次项的系数矩阵,$\boldsymbol{x},\boldsymbol{c},\boldsymbol{b},\boldsymbol{beq},\boldsymbol{lb},\boldsymbol{ub},\boldsymbol{A},\boldsymbol{Aeq}$ 含义与线性规划标准形式中的含义相同。

对上述问题的求解,MATLAB 的优化工具箱中也提供了一个现成的函数 quadprog,它的一般调用格式为

$$[x,fval]=quadprog(H,c,A,b,Aeq,beq,lb,ub,x0)$$

式中,$x0$ 是迭代初始值,其余参数的含义与线性规划命令中 linprog 中的同名参数相同。

例 6.3.1 求解下面二次规划问题。

$$\min f=\frac{1}{2}x_1^2+x_2^2-x_1x_2-2x_1-6x_2$$

$$s.\,t. \quad \begin{cases} x_1+x_2\leqslant 2 \\ -x_1+2x_2\leqslant 2 \\ 2x_1+x_2\leqslant 3 \\ x_1,x_2\geqslant 0 \end{cases}$$

解:标准形式是 $\min \frac{1}{2}\boldsymbol{x}^T\boldsymbol{H}\boldsymbol{x}+\boldsymbol{c}^T\boldsymbol{x}$,其中

$$\boldsymbol{H}=\begin{pmatrix} 1 & -1 \\ -1 & 2 \end{pmatrix},\boldsymbol{c}=\begin{pmatrix} -2 \\ 6 \end{pmatrix},\boldsymbol{x}=\begin{pmatrix} x_1 \\ x_2 \end{pmatrix}。$$

输入命令

```
H=[1,-1;-1,2];c=[-2;-6];
A=[1,1;-1,2;2,1];b=[2;2;3];
lb=zeros(2,1);
[x,fval]=quadprog(H,c,A,b,[],[],lb)
```

结果为

```
x =

    0.6667

    1.3333
```

```
fval =
    - 8.2222
```

最优解为$(0.6667,1.3333)$,最优值为-8.2222。

例 6.3.2 某厂准备用 2000 万元用于甲、乙两个项目的技术改造投资。设 x_1,x_2 分别表示分配给项目甲、乙的投资。据专家预估计,投资项目甲、乙的年收益分别为 72% 和 68%。同时,投资后总的风险损失将随着总投资和单项投资的增加而增加。已知总的风险损失为 $0.02x_1^2+0.01x_2^2+0.04(x_1+x_2)^2$,应如何分配资金才能使期望的收益最大,同时使风险损失为最小。

解:根据题目可以知道这是个多目标模型,具体如下:

$$\max f_1(x)=72x_1+68x_2$$
$$\min f_2(x)=0.02x_1^2+0.01x_2^2+0.04(x_1+x_2)2$$
$$s.t. \begin{cases} x_1+x_2 \leqslant 2000 \\ x_1,x_2 \geqslant 0 \end{cases}$$

用线性加权构造目标函数 $\max 0.5f_1(x)-0.5f_2(x)$,化为最小化问题为 $\min -0.5f_1(x)+0.5f_2(x)$。首先编辑目标函数的函数 M 文件,并保存为funex63_2.m

```
function f = funex63_2(x)
f = - 0.5 * (72 * x(1) + 68 * x(2)) + 0.5 * (0.02 * x(1)^2 + 0.01 * x(2)^2 + 0.04 * (x(1) + x(2))^2);
```

之后再建立脚本 M 文件,具体命令如下:

```
clear;clc;
x0 = [1000,1000];
A = [1,1];
b = 2000;
lb = zeros(2,1);
[x,fval,exitflag] = fmincon(@funex63_2,x0,A,b,[],[],lb,[])
f1 = 72 * x(1) + 68 * x(2)
f2 = 0.02 * x(1)^2 + 0.01 * x(2)^2 + 0.04 * (x(1) + x(2))^2
```

运行结果为

```
x =
  1.0e + 002 *
   3.142849062686520   4.285724808647994
fval =
   - 1.294285714284388e + 004
exitflag =
    5
```

```
f1 =
    5.177144195014930e + 004
f2 =
    2.588572766446154e + 004
```

上述结果表明项目甲、乙分别投资约 314 万元、429 万元可使得收益达到最大,风险损失达到最小。

本例中的模型含有两个目标函数,是一个多目标规划问题。当数学规划中的目标函数含有两个及两个以上函数时称为多目标规划。多目标规划的求解思想是转化为单目标问题处理,常用解法有主要目标法、线性加权法、极大极小法、目标达到法。在例 6.3.2 中采用的是线性加权法。

6.4　回　归　分　析

在客观世界中普遍存在着变量之间的关系. 变量之间的关系一般来说可分为确定性的与非确定性的两种:确定性关系是指变量之间的函数关系可以用函数关系来表示;非确定性关系即相关关系。例如人的身高与体重之间存在着关系,一般来说,人高一些,体重要重一些,但同样身高的人的体重往往不相同;人的血压与年龄之间也存在着关系,但同龄人的血压往往也不相同;气象中的温度与湿度之间的关系也是这样。这是因为涉及的变量(如体重、血压、湿度)是随机变量。上面所说的变量关系是非确定性的。

回归分析是研究相关关系的一种数学方法,是用统计数据寻求变量间关系的近似表达式即经验公式,它能帮助从一些变量的值去估计另一个变量的值。

6.4.1　回归分析简介

回归分析分为线性回归和非线性回归。线性回归是最常见的回归模型,故这里重点介绍线性回归模型。

1. 线性回归模型

设因变量 y 的影响因素(自变量)有 k 个,记为 $x = (x_1, x_2, \cdots, x_k)$,其他影响因素的总和用随机变量 ε 表示,则线性回归模型为

$$Y = b_0 + b_1 x_1 + b_2 x_2 + \cdots b_k x_k + \varepsilon, \varepsilon \sim N(0, \sigma^2)$$

记 $\hat{y}_i = \hat{b}_0 + \hat{b}_1 x_{1i} + \hat{b}_2 x_{2i} + \cdots + \hat{b}_k x_{ki}$,残差的每一个分量定义为 $r_i = y_i - \hat{y}_i, i = 1, 2, \cdots, n$,其中 n 表示样本数据量。回归分析就是利用最小二乘法求出参数 $\hat{b}_0, \hat{b}_1, \hat{b}_2, \cdots, \hat{b}_k$ 使得残差平方和

$$Q = \sum_{i=1}^{n} r_i^2 = \sum_{i=1}^{n} (y_i - \hat{y}_i)^2$$

达到最小。

$$S = S_{xy} = \sum_{i=1}^{n}(y_i - \bar{y}_i)^2$$ 称为总的偏差平方和，$U = \sum_{i=1}^{n}(\hat{y}_i - \bar{y}_i)^2$ 称为回归平方和。

且 $S = Q + U$。决定系数 $R^2 = \dfrac{U}{S}$ 是反映模型是否有效的指标之一，且 $0 < R^2 < 1$。R^2 越接近于 1，模型的有效性越好。$F = \dfrac{U/k}{Q/(n-k-1)} \sim F(k, n-k-1)$，是检验 $H_0 : b_0 = b_1 = \cdots = b_k = 0$ 的检验统计量，在 F 的值偏大时拒绝 H_0。$s^2 = \dfrac{Q}{n-k-1} = \dfrac{\sum\limits_{i=1}^{n} r_i^{\,2}}{n-k-1}$ 是回归模型中 σ^2 的无偏估计。

特别地，当 $k = 1$ 时就是一元线性回归。而当 $k \geqslant 2$ 时，就称为多元线性回归。

2. 可线性化的非线性回归模型

如果因变量与自变量的样本数据点的散点图呈现出的形状不是线性形式，而是曲线形式，则此时回归模型就是非线性形式。非线性回归模型中有些可以通过变量代换转化成线性回归模型。在化为线性回归模型之后，就可按照线性回归方法估计其参数，从而得到原曲线方程中的参数估计。

下面给出六种可线性化的非线性回归模型。

(1) 双曲线 $\dfrac{1}{y} = a + \dfrac{b}{x}$，如果作变换 $y' = \dfrac{1}{y}, x' = \dfrac{1}{x}$，则有 $y' = a + bx'$。

(2) 幂函数曲线 $y = ax^b$，其中 $x > 0, a > 0$。若作变换 $y' = \ln y, x' = \ln x, a' = \ln a$，则有 $y' = a' + bx'$。

(3) 指数曲线 $y = ae^{bx}$，其中参数 $a > 0$。若作变换 $y' = \ln y, a' = \ln a$，则有 $y' = a' + bx$。

(4) 倒指数函数曲线 $y = ae^{b/x}$，其中 $a > 0$。若作变换 $y' = \ln y, x' = \dfrac{1}{x}, a' = \ln a$，则有 $y' = a' + bx'$。

(5) 对数曲线 $y = a + b\ln x$。若作变换 $x' = \ln x$，则有 $y = a + bx'$。

(6) S 形曲线 $y = \dfrac{1}{a + be^{-x}}$。若作变换 $y' = \dfrac{1}{y}, x' = e^{-x}$，则有 $y' = a + bx'$。

6.4.2 回归分析的 MATLAB 命令

在 MATLAB 中，回归问题主要用统计工具箱中的函数 regress 来实现，它的一般调用格式为

$$[b, bint, r, rint, stats] = regress(Y, X, alpha)$$

其中，因变量数据向量 Y 和自变量数据矩阵 X 按以下排列方式输入

$$X = \begin{pmatrix} 1 & x_{11} & x_{12} & \cdots & x_{1k} \\ 1 & x_{21} & x_{22} & \cdots & x_{2k} \\ \vdots & \vdots & \vdots & & \vdots \\ 1 & x_{n1} & x_{n2} & \cdots & x_{nk} \end{pmatrix}, Y = \begin{pmatrix} y_1 \\ y_2 \\ \vdots \\ y_n \end{pmatrix}$$

对一元线性回归,取 $k=1$ 即可。alpha 为显著性水平(默认时设定为 0.05),输出向量 b,bint 为回归系数估计值和它们的置信区间,r 和 rint 为残差及其置信区间,stats 是用于检验回归模型的统计量,有三个数值,第一个是 R^2,其中 R 是相关系数,第二个是 F 统计量值,第三个是与统计量 F 对应的概率 P,当 $p <$ alpha 时,回归模型成立。

通常在回归分析过程中需要画出残差图及其置信区间,MATLAB 也有命令完成该功能,即 rcoplot(r,rint)。

例 6.4.1 (葡萄酒与心脏病)适量饮用葡萄酒可以预防心脏病,表 6.1 是 19 个发达国家一年的葡萄酒消耗量(每人从所喝的葡萄酒所摄取的酒精升数)以及一年中因心脏病死亡的人数(每 10 万人死亡人数)。

表 6.1 葡萄酒和心脏病问题的数据

序号	国家	从葡萄酒得到的酒精/L	心脏病死亡率(每 10 万人死亡人数)
1	澳大利亚	2.5	211
2	奥地利	3.9	167
3	比利时	2.9	131
4	加拿大	2.4	191
5	丹麦	2.9	220
6	芬兰	0.8	297
7	法国	9.1	71
8	冰岛	0.8	211
9	爱尔兰	0.7	300
10	意大利	7.9	107
11	荷兰	1.8	167
12	新西兰	1.9	266
13	挪威	0.8	277
14	西班牙	6.5	86
15	瑞典	1.6	207
16	瑞士	5.8	115
17	英国	1.3	285

续 表

序号	国家	从葡萄酒得到的酒精/L	心脏病死亡率（每 10 万人死亡人数）
18	美国	1.2	199
19	德国	2.7	172

数据来源:【美】戴维,统计学的世界,北京:中信出版社,2003。

（1）根据表 6.1 作散点图；

（2）求回归系数的点估计与区间估计（置信水平为 0.95）；

（3）画出残差图，并作残差分析；

（4）已知某个国家成年人每年平均从葡萄酒中摄取 8L 酒精,请预测这个国家心脏病的死亡率并作图。

解:（1）记心脏病死亡率（每 10 万人死亡数）为 y,从葡萄酒中得到的酒精为 x 升,根据表 6.1 的数据作散点图。首先将表格复制到 EXCEL 中,并存为 putaojiudata. xls,放在 MATLAB 当前目录下。再输入命令

```
clear;clc;
A = xlsread('putaojiudata')        % 读取 EXCEL 表格文件
plot(A(:,3),A(:,4),'r*');
xlabel('从葡萄酒得到的酒精 x/L');
ylabel('心脏病死亡率 y/10 万人');
```

运行结果如图 6.2 所示。从图 6.2 可以看出,这 19 个数据点大致呈线性关系,因此可以作一元线性回归。

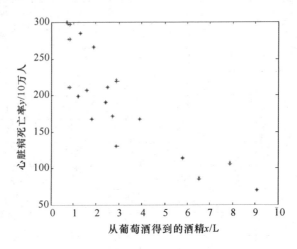

图 6.2 散点图

（2）输入命令

```
X = [ones(19,1),A(:,3)];
Y = A(:,4);
[b,bint,r,rint,status] = regress(Y,X)
```

运行结果为

```
b =
    266.1663
   - 23.9506
bint =
    236.5365    295.7960
   - 31.5691    - 16.3321
status =
    1.0e + 003  *
    0.0007     0.0440     0.0000     1.4783
```

因此 $\hat{b}_0 = 266.1663, \hat{b}_1 = -23.9506$；$b_1$ 的置信水平为 0.95 的置信区间为（236.5365，295.796），b_2 的置信水平为 0.95 的置信区间为（-31.5691　-16.3321），$R^2 = 0.7, F = 44.0, p = 0.0000 < 0.05, s^2 = 1478.3$。

由以上计算结果可知，回归模型为 $y = 266.1663 - 23.9506x$。

（3）输入命令

```
rcoplot(r,rint)
```

运行结果如图 6.3 所示。从图 6.3 可知，数据的残差离原点都比较近，残差的置信区间都包含零点，这说明回归模型能较好地符合原始数据。

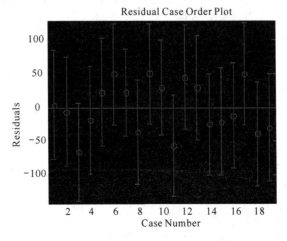

图 6.3　残差图

（4）输入命令

```
clear;clc;
A = xlsread('putaojiudata')
plot(A(:,3),A(:,4),'r*');hold on
x = A(:,3);
y = 266.1663 − 23.9506 * x;
plot(x,y,'b'); hold on
y8 = 266.1663 − 23.9506 * 8
plot(8,y8,'mo')
```

运行结果如图 6.4 所示。

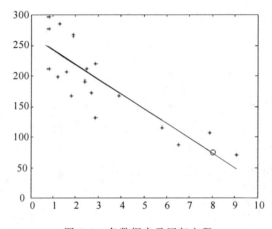

图 6.4 各数据点及回归方程

已知某个国家成年人每年平均从葡萄酒中摄取 8L 酒精,预测出这个国家心脏病的死亡率为 74.5615(每 10 万人死亡人数)。

例 6.4.2 某地区车祸次数 y(千次)与汽车拥有量 x(万辆)的 11 年统计数据如表 6.2 所示。

表 6.2 汽车拥有量和车祸次数数据

年度	汽车拥有量/万两	车祸次数/千次	年度	汽车拥有量/万两	车祸次数/千次
1	352	166	7	529	227
2	373	153	8	577	238
3	411	177	9	641	268
4	411	201	10	692	268
	462	216	11	743	274
	490	208			

（1）作 y 和 x 的散点图；

（2）如果从（1）中的散点图大致可以看出 y 对 x 是线性的，试求线性回归方程；

（3）验证回归方程的显著性（显著性水平 $\alpha = 0.05$）；

（4）假设拥有 800 万辆汽车，求预测车祸次数。

解：（1）首先将表格复制到 Excel 中，并存为 chehuodata. xls，放在 MATLAB 当前目录下。再输入命令

```
clear;clc;
A = xlsread('chehuodata')              % 读入 excel 表格
plot(A(:,2),A(:,3),'r * ');hold on
xlabel('汽车拥有量 x(万辆)');
ylabel('车祸次数 y(千次)');
```

运行结果如图 6.5 所示。从图 6.5 可以看出，这 11 个数据点大致呈线性关系，因此可以作一元线性回归。

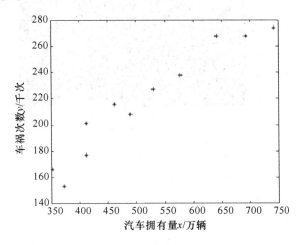

图 6.5　散点图

（2）再接着输入命令

```
X = [ones(11,1),A(:,2)];
Y = A(:,3);
[b,bint,r,rint,stats] = regress(Y,X)
```

运行结果为

```
b =
    60.2864
     0.3050
bint =
```

```
        25.2458    95.3269
         0.2391     0.3709
    stats =
         0.9241  109.5978      0.0000  148.5663
```

根据以上结果可知线性回归方程为 $y = 60.2864 + 0.3050x$。

（3）在命令窗口中输入命令 rcoplot(r,rint)，运行结果如图 6.6 所示。从图 6.6 可知，除第 2 个数据点外，数据的残差离原点都比较近，残差的置信区间都包含零点，这说明回归模型能较好地符合原始数据，而第 2 个数据点为异常点。

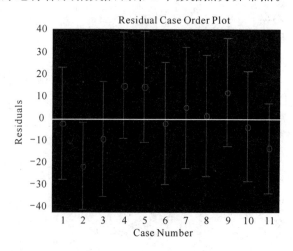

图 6.6　残差图

（4）可以在(1)(2)步命令的基础上再输入以下命令

```
b1 = b(1);b2 = b(2);
x = 350:20:900;
p = [b(2),b(1)];              % 多项式的向量表示是采取的降幂方式
y = polyval(p,x);
plot(x,y);hold on
y8 = polyval(p,800),plot(800,y8,'mo')
```

得到如图 6.7 所示图形，其中'o'表示预测的数据点。当拥有 800 万辆汽车时，预测车祸次数约为 304 千次。

需要注意的是，在对预测结果精度比较高的时候，如果在回归分析过程中出现了异常数据点时，通常需要去掉异常数据点再次重复回归的整个过程来改进回归模型，以达到提高预测效果的目的。

上例中如果去掉异常数据，重新作回归处理，程序中只是原始数据少 1 组，程序不变，结果如下：

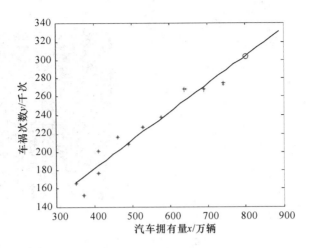

图 6.7　各数据点及回归方程

```
b =

   7 3.9701

     0.2832

bint =

    42.2482    105.6921

     0.2250      0.3414

stats =

     0.9402    125.8820      0.0000    97.0863

y8 =

   300.5411
```

此时,回归模型为 $y = 73.9701 + 0.2832x$,R^2 从原来的 0.9241 提高到了 0.9402,可以看出 $y = 73.9701 + 0.2832x$ 比 $y = 60.2864 + 0.3050x$ 更符合原始数据,原始数据与改进的回归方程图如图 6.8 所示。改进后的残差图如图 6.9 所示,所有数据的残差离原点都比较近,无异常情况。由改进的回归模型可以预测拥有 800 万辆汽车时车祸次数约为 300 千次。

regress 主要解决的是线性回归模型和可转化为线性的非线性回归模型。对于一般的非线性回归问题 MATLAB 可以通过 nlinfit、nlparci、lpredci 命令和 nlintool 界面来处理。特别地,对于一元多项式回归实际使用 polyfit、polyval 就可以完成,在第 2.1 节有详细介绍。另外多项式回归还可以通过 polytool 命令调出 GUI 界面来完成,其调用格式为

$$polytool(x, y, n, alpha)$$

式中,x, y 分别为自变量与因变量的样本观测数据向量,n 为多项式的阶数;alpha 为显著性水平,默认时为 0.05。

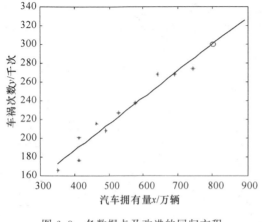

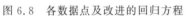

图 6.8　各数据点及改进的回归方程

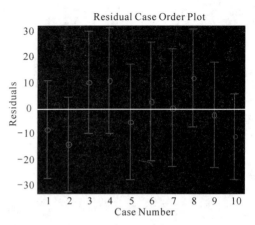

图 6.9　改进回归模型后的残差图

6.5　随　机　模　拟

随机模拟是一种随机试验的方法,也称为蒙特卡罗(Monte Carlo)方法.这种方法源于美国二次世界大战期间研制原子弹的"曼哈顿计划",该计划的主持人之一,冯·诺依曼用驰名世界的赌城摩纳哥的蒙特卡洛来命名这种方法,使它蒙上了一层神秘的色彩。

设计一个随机试验,只要使一个事件的概率与某个未知数有关,然后通过重复试验,以频率近似表示概率,即可求出未知数的近似解。现在,随着计算机的发展,已按照上述思路建立起一类新的方法——随机模拟方法。

计算机产生的随机数是按照某种确定的算法产生的,它遵循一定的规律,一旦初值确定,所有随机数也就随之确定,这显然不满足真正随机数的要求,因此我们称这种随机数为"伪随机数"。但只要伪随机数能通过独立性检验、分布均匀性检验、参数检验等一系列的检验,就可以把它当做真正的随机数那样使用。

随机数有两个优点:(1)若选择相同的随机种子,随机数可以重复的,这样就可以创造重复试验的条件了;(2)随机数满足的统计规律可以人为地选择,如可以选择均匀分布、正态分布等。随机数在科学研究与工程实际中有着极其重要的应用。在计算机编程时,经常会用到随机数,尤其在仿真等领域,对随机数的产生提出了较高的要求,还可利用随机数随机地显示图片和加密信息等。

6.5.1　蒙特卡洛方法计算定积分的例子

下面通过一个例子来理解蒙特卡洛方法。

例 6.5.1　炮弹射击的目标为一个椭圆形区域,在 X 方向半轴长 $120\ \mathrm{cm}$,Y 方向半轴,当朝瞄准目标的中心发射炮弹时,在一些随机因素的影响下,弹着点服从中心为均值的正态分布,设 X 方向和 Y 方向的标准差分别为 60 m 和 40 m,且 X 方向和 Y 方向相互独立。求炮弹落在上述椭圆形区域内的概率。

解:设目标的中心为 $x=0, y=0$,记 $a=120, b=80$,则椭圆形区域可以表示为 D:$\left\{(x,y): \dfrac{x}{a^2} + \dfrac{y}{b^2} \leqslant 1\right\}$。根据题意,正态分布的密度函数分别为

$$f(x) = \frac{1}{\sqrt{2\pi} \times 60} \mathrm{e}^{-\frac{x^2}{2\times 60^2}}, f(y) = \frac{1}{\sqrt{2\pi} \times 40} \mathrm{e}^{-\frac{y^2}{2\times 40^2}}, -\infty < x, y < +\infty$$

由于 X 方向与 Y 方向相互独立,所以有 $f(x,y)=f(x)f(y)$,于是炮弹落在上述椭圆形区域内的概率为

$$P = \iint\limits_{D} f(x,y)\mathrm{d}x\mathrm{d}y = \iint\limits_{D} \frac{1}{2\pi \times 60 \times 40} \exp\left(-\frac{1}{2}\left(\frac{x^2}{60^2} + \frac{y^2}{40^2}\right)\right)\mathrm{d}x\mathrm{d}y$$

这个积分无法用解析方法求解,下面用随机模拟方法进行计算。

$$P = 4\iint\limits_{D_1} f(x,y)\mathrm{d}x\mathrm{d}y \approx \frac{4ab}{n}\sum_{k=1}^{n} f(x_k, y_k),$$

$$f(x,y) = \frac{1}{2\pi \times 60 \times 40} \exp\left(-\frac{1}{2}\left(\frac{x^2}{\sigma_1^2} + \frac{y^2}{\sigma_2^2}\right)\right)$$

式中,D_1 是椭圆形区域 D 在第一象限的部分,(x_k, y_k) 是 n 个点中落在 D_1 的点的坐标,$a=1.2, b=0.8, \sigma_1=0.6, \sigma_2=0.4$,(单位:100 m),而随机点 $x_i, y_i(i=1,2,\cdots,n)$ 分别为 $(0, a)$ 和 $(0, b)$ 区间上的均匀分布随机数。

输入命令

```
a = 1.2;b = 0.8;
sx = 0.6;sy = 0.4;
n = 100000;m = 0;z = 0;
x = unifrnd(0,1.2,1,n);
y = unifrnd(0,0.8,1,n);
for i = 1:n
    u = 0;
    if x(i)^2/a^2 + y(i)^2/b^2< = 1
        u = exp( - 0.5 * (x(i)^2/sx^2 + y(i)^2/sy^2));
        z = z + u;
        m = m + 1;
    end
end
p = 4 * a * b * z/2/pi/sx/sy/n
```

运行结果为

```
p =

    0.8647
```

从上例可以看出,用蒙特卡洛方法可以计算被积函数非常复杂的积分,并且维数没有限制,但是它的缺点是计算量大,结果具有波动性(随着实验次数的增加,这种波动性越来越小)。

6.5.2 股票价格变化的模拟

例 6.5.2 假设股票在(单位:天)t 时刻的价格为 $S(t)$(单位:元),且满足随机微分方程

$$dS(t) = S(t)\left[\mu dt + \sigma dZ(t)\right]$$

式中:$dZ(t)=\varepsilon\sqrt{dt}$;$\{Z(t)\}$ 是维纳过程或称为布朗运动;$\varepsilon\sim N(0,1)$;μ 为股票价格的期望收益率;σ 为股票价格的波动率. 又假设股票在 $t=t_0$ 时刻的价格为 $S_0=S(t_0)=20$,期望收益率为 $\mu=0.031$(单位:元/年),波动率 $\sigma=0.6$,试用蒙特卡洛方法模拟未来 90 天的价格曲线,并确定未来 90 天股票价格的分布图。

解:MATLAB 命令如下:

```
clear;clc;
dt = 1/365;                    % 一天的年单位时间
s0 = 20;                       % 股票在初始时刻的价格
mu = 0.031;                    % 期望收益率
sigma = 0.6;                   % 波动率
expterm = mu * dt;             % 漂移项 μdt
stddev = sigma * sqrt(dt);     % 波动项 σdZ(t)
nDays1 = 90;                   % 要模拟的总天数
for nDays = 1:nDays1           % nDays 表示时刻 t
    nTrials = 10000;           % 模拟次数
    for j = 1:nTrials
        n = randn(1,nDays);    % 生成 nDays 个标准正态分布随机数
        s = s0;
        for i = 1:nDays
            ds = s * (expterm + stddev * n(i));
                               % 模拟计算股票价格的增量
            s = s + ds;        % 计算股票价格
        end
        s1(nDays,j) = s;       % 将每天的股票模拟价格记录在 s1 中
    end
```

```
end
s2 = mean(s1');              % 计算每天模拟的股票价格的均值,作为价格的估值
plot(s2,'-o')               % 90 天期间股票价格估值的曲线图
figure(2)
hist(s1(90,:),0:0.5:65)     % 第 90 天的股票价格模拟的直方图
```

运行结果如图 6.10 和图 6.11 所示。

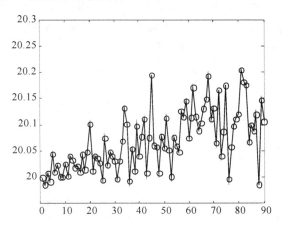

图 6.10　股票未来 90 天的价格走势模拟

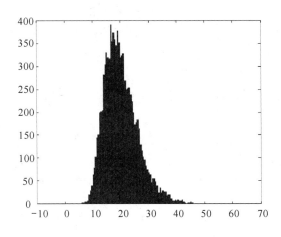

图 6.11　股票第 90 天的价格模拟直方图

6.5.3　赌徒输光的模拟

例 6.5.3　两个赌徒甲乙将进行一系列赌博. 在每一局中甲获胜的概率为 p,乙获胜概率为 $q,p+q=1$。在每一局后,失败者都要付 1 元钱给胜利者。开始时甲拥有资本 a 元,乙拥有资本 b 元,知道甲或者乙输光才停止赌博。求甲输光所有钱的概率。

解：由分析可知,甲输光所有钱的概率是

$$P=\begin{cases} \dfrac{b}{a+b}, & p=\dfrac{1}{2} \\ \dfrac{1-g^{b}}{1-g^{a+b}}, & p\neq\dfrac{1}{2} \end{cases},\text{其中 } g=\dfrac{p}{q}$$

在每一次模拟中,随机地产生区间[0,1]之间的数,如果该数小于 p,说明赌徒甲获胜,相应的得到 1 元钱,此时乙付出 1 元钱给甲;反之,甲拿出 1 元钱给乙。

下面假设甲的赌资 $a=10$ 元,乙的赌资 $b=6$ 元,甲赢的概率 $p=0.45$,随机产生区间[0,1]之间的 10 000 个数,模拟赌博的过程。

输入命令

```
clear;clc;
a = 10;b = 6;p = 0.45;
S = 0;                          % 计数器置 0
N = 10000;                      % 模拟的次数
for k = 1:N;
    at = a;                     % 初始化甲的赌资
    bt = b;                     % 初始化乙的赌资
    while at>0.5&bt>0.5
        r = [(rand<p) - 0.5] * 2;% 算输赢
        at = at + r;            % 交换赌资
        bt = bt - r;
    end
    S = S + (at<0.5);           % 如果甲赢,累加甲输的次数
end
Pjia = S/N                      % 计算甲输的概率值
g = p/(1 - p);
p0 = [1-g^b]/[1-g^(a + b)]      % 计算甲输掉所有赌资概率的理论值
```

运行结果为

```
Pjia =
    0.7328
p0 =
    0.7294
```

甲的赌资 a 元,乙的赌资 b 元,甲赢的概率 p 取不同数值,分别进行 10 000 次赌博的模拟,得到甲输的概率值 P_{jia} 与甲输掉所有赌资概率的理论值 p_0,多次试验结果3 所示。比较表中 P_{jia} 和 p_0 取值可以看出 P_{jia} 与理论值 p_0 非常接近。

表 6.3 试验结果

a	b	p	P_{jia}	p_0
10	6	0.45	0.7325	0.7294
10	7	0.45	0.7763	0.7803
9	6	0.45	0.7344	0.7363
6	9	0.55	0.2545	0.2637
5	8	0.45	0.8588	0.8627
5	8	0.55	0.3113	0.3163